燃气轮机故障预测诊断方法研究

应雨龙　李靖超　著

科学出版社

北京

内 容 简 介

本书主要涉及燃气轮机故障预测诊断方法研究。在气路侧，提出了基于粒子群优化算法辨识的部件特性线修正方法、基于热力模型与粒子群优化算法相结合的非线性诊断方法、基于灰色关联理论与热力模型相结合的混合型非线性气路诊断方法、抗传感器测量偏差的燃气轮机气路诊断方法、瞬态变工况下燃气轮机自适应气路故障预测诊断的技术路线，以及基于二次特征提取的燃气轮机气路故障诊断可视化方法。在非气路侧，提出了基于分形理论与灰色关联理论相结合的轴承故障诊断方法、基于多特征提取与灰色关联理论相结合的轴承故障诊断方法。

本书可作为航空工业、航天工业、舰船工业、工业电站、能源、石油和天然气管道运输等领域的高校教师、研究生和相关科研人员进行教学、学习和科研的参考用书。

图书在版编目（CIP）数据

燃气轮机故障预测诊断方法研究 / 应雨龙，李靖超著. —北京：科学出版社，2020.6

ISBN 978-7-03-065379-6

Ⅰ. ①燃⋯ Ⅱ. ①应⋯ ②李⋯ Ⅲ. ①燃气轮机－故障诊断－方法研究 Ⅳ. ①TK478

中国版本图书馆 CIP 数据核字（2020）第 094074 号

责任编辑：王喜军 高慧元 / 责任校对：樊雅琼
责任印制：吴兆东 / 封面设计：壹选文化

科学出版社 出版
北京东黄城根北街 16 号
邮政编码：100717
http://www.sciencep.com

北京中石油彩色印刷有限责任公司 印刷
科学出版社发行 各地新华书店经销

*

2020 年 6 月第 一 版 开本：720 × 1000 1/16
2020 年 6 月第一次印刷 印张：14 1/4
字数：286 000
定价：98.00 元
（如有印装质量问题，我社负责调换）

前　　言

　　燃气轮机是以连续流动的气体为工质带动叶轮高速旋转，将燃料的能量转变为有用功的内燃式动力机械，是一种旋转叶轮式热力发动机。根据用途，燃气轮机分为航空发动机、舰船燃气轮机、工业燃气轮机、重型燃气轮机、小型燃气轮机和微型燃气轮机等。在20世纪下半叶，燃气轮机在航空工业中得到广泛应用，因其具备快速启停、调载能力强、热效率高及环保等优异性能，而受到舰船工业领域、石油和天然气管道运输领域以及工业电站领域越来越多的关注。燃气轮机作为航空工业、舰船工业、工业电站等领域的动力"心脏"，确保其安全稳定地运行是关键。在燃气轮机运行过程中，除了存在机组内部的高温、高压、高转速及高机械应力和热应力的恶劣工况条件外，还可能存在周围污染的环境条件，其主要部件（如压气机、燃烧室和透平）会随着运行时间的增加产生各种各样的性能衰退或损伤，如污垢、泄漏、腐蚀、热畸变、外来物损伤等，并易引发各种严重的故障。

　　为避免失修和过修，提高燃气轮机设备的可靠性和可用性，降低运行维护（运维）成本，燃气轮机运维人员宜采用预知维修策略。模式识别和机器学习等基于数据驱动的人工智能技术，需要建立在已有设备故障样本集上，对于样本集中未涉及的故障类型，这些方法往往难以给出准确的诊断结果。对于一种新型或刚投运的燃气轮机机组，由于缺乏标定的故障数据，难以在短时间内建立能够覆盖所有故障类型的完备故障样本集，且通过运维经验和监测数据来积累故障模式与故障征兆之间的关系规则库是艰难而费时费力的，不易对故障严重程度作量化评估，制约了基于数据驱动的人工智能技术在燃气轮机机组这类复杂强非线性热力系统故障诊断中的应用。

　　当前国内外燃气轮机用户的日常维修策略通常采用预防性维修保养，即通常根据制造商指示的当量运行小时数来决定是否需要小修、中修、大修。对于燃气轮机设备的停机检修，无论计划内的还是计划外的，以及普遍存在的失修和过修情况，总是意味着高昂的运行和维修成本代价。本书所提出的燃气轮机故障预测诊断方法是一种对正在演变或即将发生的恶化情况发布早期预警信息的有效技术手段，从原理上实现设备性能分析-诊断-预测方法的有效耦合，为实现复杂强非线性热力系统故障诊断与预测提出新方法；在功能上实现详尽的、量化的、准确的各主要部件的故障诊断与预测目的，给制定恰当合理的优化控制和维修策略提供理论指导，对推动从预防性维修保养过渡到预测性维修保养的维修理念改革具有重要的理论意义和实践价值。

经过多年发展，燃气轮机故障预测诊断方法已经取得了许多诊断算法理论成果，但尚未形成一个完整的科学体系。

针对以燃气轮机性能分析和气路诊断为目的的高精度热力模型建立的问题，本书提出了一种基于粒子群优化算法辨识的部件特性线修正方法，使修正后热力模型的部件特性线与实际目标系统的真实部件特性线相匹配，提高了热力计算精度。本书所提出的方法理论可以应用于各种不同类型的燃气轮机，也可以作为以燃气轮机性能分析和气路诊断为目的的高精度热力建模的一套可供参考的规范化建模方法。

为解决诊断精度易受环境条件及操作条件变化影响的问题，本书提出了基于热力模型与粒子群优化算法相结合的非线性气路诊断方法，从全局优化的角度改善了诊断结果的准确性。改进型的非线性气路诊断方法能有效解决传统气路诊断方法诊断精度易受环境条件及操作条件变化影响的问题；由于改进型的非线性气路诊断方法的核心算法（牛顿-拉弗森算法）本质上是一种局部迭代寻优方法，而基于热力模型与粒子群优化算法相结合的非线性气路诊断方法的核心算法本质上是一种全局迭代寻优方法，通过诊断案例表明后者比前者能更有效地消除模糊效应，准确地识别、隔离性能衰退的部件；本书所提出的两种气路诊断方法都适用于单部件和多部件性能衰退或故障的诊断情况，而基于热力模型与粒子群优化算法相结合的非线性气路诊断方法诊断出的部件性能衰退程度几乎和输入样本一致，表明能更适用于存在测量噪声和复杂燃气轮机机组离线的深度性能诊断情况，而改进型非线性气路诊断方法适用于在线的初步性能健康监测。

为解决参与诊断部件数目增多及测量噪声干扰而导致气路诊断可靠性低的问题，本书提出了基于灰色关联理论与热力模型相结合的混合型非线性气路诊断方法，从故障系数矩阵降维的角度兼顾了诊断结果的准确性和实时性。当单部件或多部件发生性能衰退时，由于存在气路测量噪声，且三轴燃气轮机中的部件数目较多，改进型非线性气路诊断方法会出现一定程度的模糊效应。而通过基于灰色关联理论与热力模型相结合的混合型非线性气路诊断方法则能更有效地识别、隔离性能衰退的部件，并更准确地预测部件性能衰退程度，其准确程度和基于热力模型与粒子群优化算法相结合的非线性气路诊断方法相近。在诊断计算耗时方面，该诊断方法计算耗时与改进型非线性气路诊断方法基本相同，而远小于基于热力模型与粒子群优化算法相结合的非线性气路诊断方法。因此，本书所提诊断方法具有适合应用于在线的实时性能健康诊断应用的潜力。

为解决诊断准确性高度依赖气路传感器可靠性的问题，本书提出了抗传感器测量偏差的燃气轮机气路诊断方法。采用高斯数据调和方法解决了诊断准确性高度依赖气路传感器可靠性的问题，降低了部件健康参数对传感器测量偏差的敏感性。当某些传感器发生性能衰退或故障时，通过数据调和可以有效地检测出发生异常的可疑传感器测点，并且异常测量数据经过数据调和后的调和值更加接近于真实值。此外，通过将气路部件健康参数引入作为"虚拟"测量参数一同进行调和，高斯修正准则数据调和原理还具有一定的性能衰退部件检测能力。当单个部件或多个部件发生性能退化且存在传感器性能衰退时，通过常规非线性气路诊断方法产生了显著的误导性的诊断结果，而通过基于多运行工况点的抗传感器测量偏差的非线性气路诊断方法，有效地降低了部件健康参数对传感器测量偏差的敏感性，能够成功地识别、隔离性能衰退的部件，并准确地量化部件性能衰退程度。本书所提出的诊断方法解决了常规非线性气路诊断方法诊断准确性高度依赖于气路传感器可靠性的问题，能有效适用于存在测量噪声、测量偏差的复杂燃气轮机机组的部件性能离线诊断情况。

　　针对现今气路诊断方法欠考虑燃气轮机频繁变工况及瞬态变工况运行模式影响的问题，本书提出了瞬态变工况下燃气轮机自适应气路故障预测诊断的技术路线。所提出的方法从空气动力学与热力学机理出发，基于部件特性线非线性形状自适应方法来实现燃气轮机性能分析-诊断-预测三者方法的有效耦合。自适应动态热力建模方法和基于部件特性线非线性形状自适应的气路诊断方法以及基于部件健康参数的多维度时序预测方法，都是复杂强非线性热力系统故障诊断与预测领域中的新理论和新方法，改进后的非线性气路诊断方法适用于除启停外的较大瞬态/稳态变工况应用范围。本书所提出的方法能在燃气轮机频繁变工况及瞬态加减载运行模式得到各主要部件的详尽的、量化的、准确的性能健康指标，实现准确预测某一部件的性能衰退到某一检修阈值前的剩余使用寿命，以及预测未来时序内的部件及整体系统性能衰退情况（故障演化过程）的目的，给制定恰当合理的优化控制和维修策略提供理论指导。

　　针对采用传统时域和频域方法不易对轴承工作健康状况做出准确评估的问题，首先本书提出了基于改进的分形盒维数和多重分形维数与灰色关联理论的轴承故障诊断方法，所提出的方法能够准确有效地识别不同的轴承故障类型及故障严重程度。其次本书提出了基于多特征提取的轴承在线故障检测方法和基于多特征提取与证据融合理论的轴承故障诊断方法。本书所提出的方法能够有效地提高对不同的轴承故障类型及故障严重程度识别的准确率，所提出的算法简单易编程，能够较好地解决模式识别算法易用性与准确性的矛盾，且该方法能够适用于在线实时故障检测。

　　本书所有内容是作者十余年来的研究成果。本书所有研究内容的完成得益于前期科研项目的支持，包括国家自然科学基金项目（51806135，瞬态变工况下燃气轮机自适应气路故障预测诊断方法研究；61603239，变化低信噪比下的自适应信号侦测识别方法研究)、中央高校基本科研业务费专项资金资助项目（HEUCFZ1005，燃气轮机健康预测与故障诊断技术研究)、上海市科委地方高校能力建设项目（19020500900，新型高效微型燃气轮机系统关键技术研究与应用）以及企业横向科技项目（15DX001-15E27，联合循环电厂远程监控与诊断系统平台的开发；16B12，燃气轮机发电系统传感器故障诊断与信号处理技术)。同时，感谢上海电机学院李靖超教授对本书内容的指导。此外，感谢上海电力大学能源与机械工程学院对本书出版的资助。

希望包括同行、专家在内的广大读者在阅读本书后提出宝贵意见。

应雨龙

2019 年 4 月

目　　录

第1章 绪 论

1.1 基于热力学参数的燃气轮机气路诊断技术研究进展

燃气轮机是以连续流动的气体为工质带动叶轮高速旋转，将燃料的能量转变为有用功的内燃式动力机械，是一种旋转叶轮式热力发动机。根据用途，燃气轮机分为航空发动机、舰船燃气轮机、工业燃气轮机、重型燃气轮机、小型燃气轮机和微型燃气轮机等。在20世纪下半叶，燃气轮机在航空工业中得到广泛应用，因其具备快速启停、调载能力强、热效率高及环保等优异性能，而受到舰船工业领域、石油和天然气管道运输领域以及工业电站领域越来越多的关注。燃气轮机作为航空工业、舰船工业、工业电站等领域的动力心脏，确保其安全稳定地运行是关键。在燃气轮机运行过程中，除了存在机组内部的高温、高压、高转速及高机械应力和热应力的恶劣工况条件外，还可能存在周围污染的环境条件，其主要部件（如压气机、燃烧室和透平）会随着运行时间的增加产生各种各样的性能衰退或损伤，如污垢、泄漏、腐蚀、热畸变、外来物损伤等，并易引发各种严重的故障。其常见故障情况如图1.1所示。

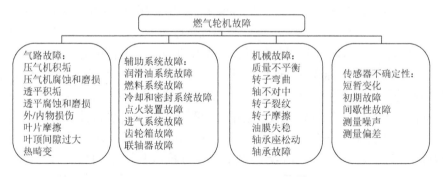

图 1.1 燃气轮机常见故障情况[1]

其中，重型燃气轮机主要采用天然气或燃油作为燃料，广泛用于燃气-蒸汽联合循环电站。据统计①（截止到2015年），重型燃气轮机发电量约占全球发电总量的22%，且还在稳步增加，是继煤电和核电之后当今世界第三大发电方式，重型

---

① 资料来源: 蒋洪德. 重型燃气轮机的现状和发展趋势[J]. 热力透平，2012，41（2）: 83-88.

燃气轮机将是 21 世纪乃至更长时期内能源高效转换与洁净利用系统的核心动力设备[2]。电站燃气轮机的巨大需求带动了重型燃气轮机的快速发展，据估计，从 2015 年起未来十年内发电用重型燃气轮机机组将新增 12591 台，制造成本超过 1529 亿美元。燃气轮机快速发展的同时，燃气轮机维修成本也在不断增加。据报道①，2009 年全球工业燃气轮机运维成本超过 180 亿美元，且在快速增长。在 F 级燃气轮机电站全寿命周期成本中，运维费用占 15%～20%，其中维修费用占全寿命周期成本的 10%～15%，且随着技术的进步，基建和燃料成本所占的比例逐渐下降，维修费用所占比例逐渐上升。在燃气轮机电站设备中，燃气轮机透平、压气机、燃烧室三大部件的故障率高，三大部件是重型燃气轮机最易发生故障的部件。目前，世界主要的燃气轮机制造厂商都在研发下一代燃气轮机（H 级、G 级），其压比和燃气初温更高，单机功率更大。同时，重型燃气轮机工作环境复杂、运行工况多变，高参数、复杂环境和频繁变工况增加了失效风险。为此，随着燃气轮机的发展对运行可靠性的要求越来越高。

当前国内外燃气轮机用户的日常维修策略通常采用预防性维修保养，即通常根据制造商指示的当量运行小时数来决定是否需要小修、中修、大修。对于机组的停机检修，无论计划内的还是计划外的，以及普遍存在的失修（有的部件可能在定期维修前就失效，带来设备非正常停机的风险）和过修（定期维修时有的部件仍有一定的剩余寿命，造成浪费）情况，总是意味着高昂的运行和维修成本代价。我国作为燃气轮机用户大国，为提高设备的可靠性和可用性，同时最大限度地延长使用寿命，降低运行维护成本，用户需要通过监测、诊断和预测手段根据机组实际性能健康状况来采取相应的维修策略，即采用视情维修（condition-based maintenance，CBM）。通常，CBM 的可靠性与有效性取决于以下两个主要过程。①故障诊断：（i）故障检测，监测正在演变或即将发生的恶化情况；（ii）故障隔离，定位病态部件；（iii）故障识别，判断故障根源。②故障预测：（i）预测即将发生的故障；（ii）评估燃气轮机剩余使用寿命（remaining useful life，RUL）。

如图 1.1 所示，燃气轮机故障通常分为两类：一类与机械性质有关，而与空气动力学及热力学无耦合关系，如轴不对中、质量不平衡、轴承故障、油膜失稳等故障[3]。许多技术手段，如振动分析、油屑分析、声分析、热成像、负载分析、金属温度、应力分析等方法可用于诊断这类故障情况。另一类与空气动力学及热力学相关，如压气机与透平积垢、压气机与透平腐蚀和磨损、热畸变、外/内物损伤等故障情况。对于这类故障，气路分析（gas path analysis，GPA）方法是一种对正在演变或即将发生的恶化情况发布早期预警信息的有效技术手段。

燃气轮机性能健康状况通常可由各主要部件的气路健康参数，如压气机和透

① 资料来源：http://www.power-eng.com/articles/2010/02/industrial-gas-turbine.html.

平的流量特性指数（表征部件通流能力）和效率特性指数（表征部件运行效率）及燃烧室的效率特性指数来表示[4]。然而，这些至关重要的健康状况信息不能直接测得，因此不易监测诊断。

在燃气轮机运行操作过程中，当某些部件发生性能衰退或损伤时，其部件内在性能参数 x（如压比、质量流量、等熵效率等）会发生改变，并导致外在气路可测参数 z（如温度、压力、转速等）发生变化，因而部件性能参数的内在偏差可由气路实测参数的外在偏差来表征，此外，这些部件性能参数的偏差也有可能是由环境条件和操作条件的变化所引起的。因此，燃气轮机外在气路可测参数与部件内在性能参数之间的热力学关系可由式（1.1）表示：

$$z = f(x, u) + v \tag{1.1}$$

式中，z 为气路可测参数向量，$z \in \mathbf{R}^M$；x 为部件性能参数向量，$x \in \mathbf{R}^l$；u 为环境条件和操作条件向量；v 为传感器测量噪声向量。

故燃气轮机气路诊断是一个由气路可测参数求解得到部件性能参数，进而求得部件气路健康参数，用于最终评估机组总体性能健康状况的逆求解的数学过程，如图 1.2 所示。

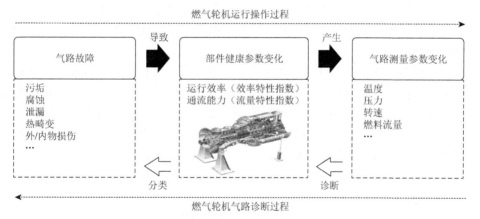

图 1.2　燃气轮机运行操作过程和气路诊断过程

自从 Urban 在 20 世纪 60 年代后期提出 GPA 的理念[5]后，涌现出了各种不同的气路诊断方法。国内的燃气轮机健康监测、诊断研究起步较晚，自 20 世纪 80 年代末，国内主要高校和科研院所开始对相关技术进行研究，目前工作主要集中在算法理论及特种传感器[6]研究上。

国内外燃气轮机气路诊断的算法理论研究主要集中在线性和非线性气路分析方法、卡尔曼滤波器方法、神经网络方法、支持向量机、遗传算法、模糊算法、贝叶斯网络、数据统计分析方法等[7]。各种诊断方法有其各自的优缺点，没有哪种方法一定优于其他方法，因此气路诊断方法的研究应重点解决各种算法的不足之处，并研究结合各种算法优点的融合方法，提高诊断结果的可靠性和准确性，并最终在燃气轮机健康监测、诊断系统中得到应用。总的来说，当前国内外气路诊断技术大致可以分为两类：一类是基于热力模型决策的气路诊断技术，如线性气路诊断方法、非线性气路诊断方法、基于线性模型的最优估计方法等；另一类是基于模式识别的气路诊断技术，如神经网络方法、基于规则的专家系统等方法。下面将基于这两大类方法对当前国内外气路诊断技术研究及发展现状分别进行讨论。

1.1.1　基于热力模型决策的气路诊断技术发展现状

1969 年，Urban 引入了 GPA 这一概念，随后，各家燃气轮机制造商科研人员（如 Doel、Volponi、Barwell）和学者开始使用该概念。Smetana[8]率先对该技术方法展开了系统性的论述，随后 Li[9]对其做了进一步扩展性的综述。

当时，绝大多数基于热力模型的气路诊断方法的基本形式都是考虑了对目标燃气轮机系统进行热力模型的简化，假设条件包括：

（1）气路传感器都是健康的，无测量噪声和测量偏差；

（2）环境条件和操作条件维持在某一基准条件（通常为设计工况）上，消除由环境条件（大气压力、温度和相对湿度）和操作条件变化而导致机组运行性能变化的影响；

（3）在基准条件工况点附近将式（1.1）进行泰勒级数展开后略去二阶及以上的高阶项，得到一组线性代数方程组，此即线性气路诊断方法。其中影响系数矩阵（influence coefficient matrix，ICM）表示气路部件性能参数的偏差对气路可测参数的影响关系矩阵，故气路部件性能参数的改变量可由影响系数矩阵逆变换至故障系数矩阵求得，具体过程如下。

根据假设条件（1）和（3），将式（1.1）在基准条件工况点附近进行泰勒级数展开，得

$$z = z_0 + \left.\frac{\delta f(x,u)}{\delta x}\right|_0 (x - x_0) + \left.\frac{\delta f(x,u)}{\delta u}\right|_0 (u - u_0) + \text{HOT} \qquad (1.2)$$

略去二阶及以上的高阶项 HOT 后，得

$$\Delta z = H \cdot \Delta x + H' \cdot \Delta u \qquad (1.3)$$

式中，$H = \left.\frac{\delta f(x,u)}{\delta x}\right|_0$ 为影响系数矩阵；$H' = \left.\frac{\delta f(x,u)}{\delta u}\right|_0$。

根据假设条件（2），由于环境条件和操作条件维持在基准条件（通常为设计工况）上，即无环境条件偏差和操作条件偏差（$\Delta u = 0$），式（1.3）可进一步简化为

$$\Delta z = H \cdot \Delta x \qquad (1.4)$$

$$\Delta \boldsymbol{x} = \boldsymbol{H}^{-1} \cdot \Delta \boldsymbol{z} \qquad (1.5)$$

式中，$\boldsymbol{H}^{-1}$ 为故障系数矩阵（fault coefficient matrix，FCM）。

当 $M > l$ 时（M 为气路可测参数的数目，l 为部件性能参数的数目），式（1.4）为超定的，此时可以使用"伪逆矩阵"的概念来求解式（1.5），如下：

$$\boldsymbol{H}^{\#} = \boldsymbol{H}^{\mathrm{T}} (\boldsymbol{H} \boldsymbol{H}^{\mathrm{T}})^{-1} \qquad (1.6)$$

相反，当 $M < l$ 时，式（1.4）为欠定的，同样可以使用"伪逆矩阵"的概念来求解式（1.5），如下：

$$\boldsymbol{H}^{\#} = (\boldsymbol{H}^{\mathrm{T}} \boldsymbol{H})^{-1} \boldsymbol{H}^{\mathrm{T}} \qquad (1.7)$$

此时

$$\Delta \boldsymbol{x} = \boldsymbol{H}^{\#} \cdot \Delta \boldsymbol{z} \qquad (1.8)$$

上述的线性气路诊断方法的优点在于计算方法简便、计算速度快，理论上具有单部件和多部件性能衰退识别、隔离和量化的能力，但该方法存在三个主要缺点。

（1）气路测量参数的数据有效性要求高。用于诊断的气路测量数据必须来源于健康的无测量噪声的气路传感器，且测量参数之间不存在相关性。

（2）诊断结果的准确性低。该方法诊断结果的准确性可以通过消除环境条件和运行操作条件偏差的影响来提高，但对系统做小偏差线性化所产生的内在误差则无法消除。

（3）存在模糊效应，即尽管某些部件实际上并未发生性能退化，但诊断出的性能衰退情况几乎分布在所有的气路部件健康参数上。模糊效应的存在是由部件性能参数与气路可测参数之间并无一一对应的热力学关系的约束所导致。

为改善缺点（1），相关学者开始引入最优估计的技术方法（如加权最小二乘法和卡尔曼滤波器方法）来改善线性气路诊断方法的诊断效果，此即基于线性模型的最优估计方法。其中，引入加权最小二乘法的目的是解决由气路传感器测量偏差所导致的诊断结果可靠性低的问题。但该方法需要相关传感器的历史监测统计数据来描述其所测参数的概率分布，从而起到过滤当前存在测量偏差的传感器的作用，该方法主要由容易获取大量运行监测数据的燃气轮机制造商和用户所使用。尽管该方法相对于基本的线性气路诊断方法起到了一定的改善效果，但该方法并不适用于部件性能衰退程度较高时的诊断情况。在某些案例分析中，该方法反而增大了诊断结果的模糊效应副作用，且需结合专家的经验支持来判断。另一种基于线性模型的最优估计方法是卡尔曼滤波器方法，该方法降低了对历史监测统计数据的依赖性，理论上能有效地降低传感器偏差的影响。为了进一步提高诊断结果的准确性，有学者提出了卡尔曼滤波器的改进型。

为改善缺点（2）和（3），相关学者开始探索非线性气路诊断方法。该方法通常使用高精度的全非线性热力模型来模拟目标燃气轮机机组在健康和性能衰退或故障情况时的部件性能参数，进而来优化一个预设的目标函数。有学者将线性气路诊断方法和非线性气路诊断方法进行比较，分析表明当部件性能衰退或故障程度较大时，线性气路诊断方法的诊断结果会显著偏离实际情况。最为标志性的非线性气路诊断方法是由 Escher 等[10]提出的，该方法基于线性气路诊断方法的求解器，并由牛顿-拉弗森算法驱动执行，来减小实际的部件性能参数与计算的部件性能参数间的误差 [由式（1.1）线性化所导致]，相应的计算过程简化示意图如图 1.3 所示。

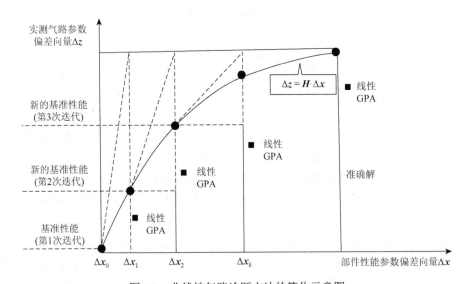

图 1.3　非线性气路诊断方法的简化示意图

　　该方法解决了燃气轮机系统线性化所导致的诊断结果准确性低的内在难题，但仍存在对传感器测量噪声及偏差、运行操作条件以及环境条件偏差敏感的问题。

　　随后，Li 等[11]开发了一套燃气轮机气路诊断系统软件——PYTHIA，该软件集成了对气路传感器和部件诊断的功能，理论上能够识别、隔离发生性能衰退或故障的传感器和部件，能够对存在操作条件和环境条件偏差的测量数据进行修正，并能降低模糊效应副作用的影响。其中，引入气路分析指数（GPA-index）的概念为诊断结果与实际情况的匹配程度提供了一个标准化的度量，这与 Stamatis 等[12]所阐述的概念相似。在该软件中，气路分析指数用于比较一系列具有随机组合形式的气路部件诊断案例和传感器故障案例，从而实现隔离发生性能衰退或故障的部件和传感器的目的。相似的非线性气路诊断方法用于传感器故障检测的案例也可以在文献[12]中找到。然而在实际气路诊断应用中，特别是在多部件的复杂燃气轮机机组中，当某一气路传感器因性能衰退或故障而产生测量偏差时，通常很可能至少存在某一组合形式的气路部件性能衰退模式，能使热力模型的计算值准确地与实测气路参数相匹配，即某一传感器故障的发生很可能会被误诊断为某一组合形式的气路部件性能衰退模式。此时，气路分析指数及气路部件诊断案例和传感器故障案例的概念就会失效。

为改善缺点（3），需要确保可测气路参数的数目必须大于等于部件性能参数的数目，即所谓的测量参数冗余，然而，有时受实际情况的制约无法满足要求。针对这个问题，Stamatis 等[12]引入了基于离散操作运行工况条件的线性气路诊断方法（dicrete operating point gas path analysis，DOPGPA）的概念，并随后在文献[13]中使用。当测量参数数目有限时，在不同操作运行工况点上使用线性气路诊断方法可以得到比在单个运行工况点上使用线性气路诊断方法更为可靠、准确的诊断结果。当所选取的不同操作运行工况点之间的间隔较大时，该方法具有一定的效果，但 Gulati 等[14]提出当间隔取得较小时，该方法易失效。

为改善缺点（1）～（3），Gronstedt[15]提出了使用非线性气路诊断方法与遗传算法（genetic algorithm，GA）优化技术相结合的方法。遗传算法是一种搜索寻优计算方法，它能用于存在多个极大值和/或极小值的高度不规则解曲面的全局优化算法。当目标函数（在燃气轮机气路诊断中通常设为热力模型计算值与气路实测值之间偏差的一种度量）取到最小值时就可以求得相应最优解。对于一个多自变量和多因变量的复杂系统，该算法主要采用三个基本操作（选择、交叉和变异）来实现求最优解过程。在气路诊断应用时，遗传算法能够保持目标燃气轮机系统的非线性特征，并具有一定的传感器测量噪声和偏差的处理能力。遗传算法应用如此广泛的主要原因是它能够在复杂（含有多个极值）系统中准确定位全局的最优解，而其他传统优化技术往往对此无能为力。当可测的气路参数数目有限时，将遗传算法和离散操作运行工况条件下非线性气路诊断方法（mutiple operating point analysis，MOPA）相结合能够提高诊断的准确性。然而，遗传算法也存在一些缺点，例如，当参与诊断的气路部件数目增加时，其迭代寻优收敛的耗时将会显著增加。

Stamatis 等[16]引入了自适应性能仿真的概念，建议使用部件特性参数的比例系数来表征燃气轮机部件性能健康状况的变化。这些比例系数用参考的基准部件特性图中的性能参数值与实际的部件特性图中的相应参数值的比值来表示。为了降低普遍存在的模糊效应，Stamatis 等[17]还引入了实现最优观测的测量参数集辨识技术和部件健康参数的概念，并随后在 Santa[18]的研究中使用。此后，Visser 等[19]使用基于离散操作运行工况条件的自适应性能仿真方法来实现热力建模与气路诊断的目的。

随后，Li[20]提出了一种自适应气路诊断方法，通过使用气路测量参数，如气路压力、温度、转速、燃料流量等，来评估实际燃气轮机机组性能和气路部件健康状况。该方法分为两步：第一步为根据气路测量参数通过非线性牛顿-拉弗森算法计算得到部件性能参数，如空气质量流量、压气机压比、压气机等熵效率、透平前温、透平等熵效率等；第二步为在同一部件特性图上比较实际发生性能衰退情况下的部件运行点与健康情况下的部件运行点，从而观测此时部件特性图上的特性线发生偏移的程度（即得到气路部件健康参数），来评估当前部件的实际性能健康状况。图 1.4 所示为压气机发生性能衰退或故障时的特性线偏移。

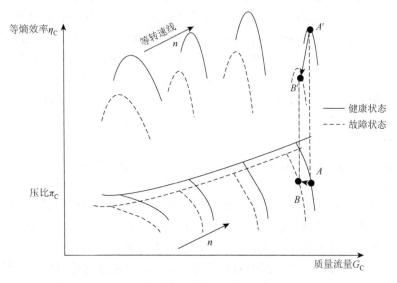

图 1.4　压气机发生性能衰退或故障时的特性线偏移

　　由于我国燃气轮机工业基础落后，气路诊断技术起步较晚，目前所进行的研究还是以借鉴、消化吸收国外的先进技术为主。北京航空航天大学的陈大光等[21]于 1994 年提出了多状态气路分析方法，给出了估值平均误差的定义，以 JT9D 型航空发动机作为诊断对象，将其共同工作方程简化为线性，提出在不同的工作状态下影响系数可看作工作状态的函数。研究结果表明，该方法在一定程度上能够解决测量参数少的问题，增加某些特定的测量参数能够减少诊断所需的工作状态数，但是状态选择、测量参数选择都会影响诊断的准确性。中国民航大学的范作民等[22]基于线性化提出了主因子模型的方法，主因子又称为故障因子，该方法将所有可能的或具有代表性的主因子（故障因子）组成主因子方程进行求解，求出每一个主因子的组合最优解，再采用故障隔离准则从所有最优解中选择合适解作为诊断结果。该方法可以有效地克服故障方程求解中的两个难点：其一是测量参数个数小于故障因子个数；其二是故障方程存在着多重线性相关性，但主因子模型对相似故障的隔离依赖于测量参数的选择。中国人民解放军海军工程大学的贺星等[23]基于热力学第二定律中㶲效率的定义，建立了燃气轮机气路故障模式的数学模型，采用小偏差线性化方法推导出故障系数矩阵。从㶲效率分析燃气轮机性能，是一种从能量"质"的角度去分析燃气轮机性能健康状况的方法。上海交通大学的夏迪等[24]针对 PG917E 型单轴电站燃气轮机，提出了基于非线性模型的诊断方法，采用无约束的优化方法来优化模型输出值与实际测量值的偏差，结果表明该方法诊断精度较高，收敛性较好，能达到工程应用的目的。基于此方法又开发了燃气轮机故障诊断系统软件，该软件由数据采集和传输、燃气轮机热力计算、传感器故障诊断、热参数状态监测与气路诊断以及数据库组成，根据采集到的机组热参数，利用该软件可以实现对机组部件实时性能监测和故障诊断的目的。中航工业航空动力控制系统研究所的袁春飞等[25]把卡尔曼滤波（Kalman filtering，KF）和遗传算法结合起来，应用遗传算法对卡尔曼滤波器进行优化，用优化后的算法再对发动机性能进行诊断。西北工业大学的方前[26]采用遗传算法，以发动机热力模型输出值与其测量参数之间的偏差最小为优化目标，以确认发生偏差的传感器。

综上所述，基于热力模型决策的气路诊断技术的优点在于无须积累部件性能衰退模式与衰退征兆的关系规则库，且容易量化性能衰退程度。缺点在于需要建立高精度的目标燃气轮机热力性能模型，且实际应用中诊断结果较易出现模糊效应，不容易准确地识别、隔离发生性能衰退的部件。

1.1.2 基于模式识别的气路诊断技术发展现状

基于热力模型决策的气路诊断方法随着燃气轮机系统复杂度增加使得燃气轮机热力性能模型变得越来越复杂，且高精度热力模型的建立变得越来越困难。此时基于热力模型决策的气路诊断方法的可靠性将会受到影响，并且诊断过程中需要运行其热力模型，使得诊断计算实时性无法保证。而基于模式识别的气路诊断方法无须建立燃气轮机的数学模型和热力模型，因此其诊断可靠性不易受燃气轮机系统复杂度的影响。

基于模式识别的气路诊断技术（如神经网络方法、基于规则的专家系统和基于规则的模糊专家系统等技术）的共同特征是必须具备自学习、自组织、自适应的柔性处理能力，根据待识别客体的特征向量（气路测量参数向量，即衰退征兆）及其他约束条件将其分类至某一性能衰退或故障模式类别中。但是通过机组运行经验和现场运行数据来积累性能衰退模式与衰退征兆的关系规则库是项艰巨而费时费力的工作，值得注意的是，目前燃气轮机热力模型正越来越多地应用于探索衰退模式-征兆的映射关系。

1. 基于神经网络的气路诊断方法

在燃气轮机研究领域中，对人工神经网络（artificial neural network，ANN）

的运用并不陌生，它们已经被用于不同的研究课题中，如燃气轮机部件故障诊断、传感器故障诊断、性能建模、控制系统、应力分析等。

一个神经网络是由许多简单的处理单元所组成的一个并行分布的处理器，它能够存储试验和经验数据知识，以便使用。人工神经网络方法由于其具有并行分布处理能力、非线性映射能力以及通过训练学习的能力，因此被广泛地应用于燃气轮机气路故障诊断中。基于人工神经网络的气路故障诊断方法首先利用已知的燃气轮机气路故障样本数据对神经网络进行训练，根据期望输出和实际网络输出之间的差值来调整神经元连接的权值，将燃气轮机气路故障样本知识融入神经网络结构和各神经元的阈值及连接权值中，使得训练好的神经网络能够描述机组气路故障诊断知识。利用训练好的神经网络进行机组气路故障诊断时，将燃气轮机的气路实测参数输入训练好的神经网络，在神经网络的输出层将会得到故障诊断结果（一般为故障模式）。

人工神经网络保持了系统对象的非线性特征，能够处理带一定噪声的测量数据，并可作为燃气轮机健康监测系统的一个优化工具，人工神经网络提供了一种除传统非气路诊断技术和基于热力模型决策的气路诊断技术外的另一种备选方法。人工神经网络无须求解复杂的机组热力模型方程就能得到输出值，但缺点是需要大量的机组历史运行数据作为网络训练样本，并逐步设计找出最优的网络结构类型，以改善神经网络泛化能力较差的问题。

在气路诊断中应用较广的神经网络类型有正向传输反向传播神经网络、概率神经网络和 Kohonen 聚类神经网络，文献[27]对上述几种神经网络类型进行了对比分析。基于神经网络的气路故障诊断方法利用已知的故障样本训练网络，训练好的网络蕴含机组故障诊断知识，但神经网络及其利用网络进行诊断推理的过程不易理解，网络的结构和参数对诊断结果可靠性的影响不易分析。人工神经网络方法基于学习样本进行故障诊断，但对于未学习的故障模式就难以给出准确的诊断结果。神经网络的泛化能力受到样本数量及质量的制约，且诊断结果的可靠性易受机组操作运行工况点和大气环境等变化影响而降低。

中国民用航空飞行学院的李一帆[28]在对 FJ44 型航空发动机的故障监控中，采用相似换算后的性能参数的偏差绘制出性能趋势图，根据经验基于该性能趋势图进行状态监测，并对比了几种常用神经网络的诊断精度，把精度最高的诊断算法应用于所开发的诊断平台。清华大学的汪健[29]研究了自组织特征映射（self-organization feature map，SOM）神经网络在电厂故障诊断中的应用，通过与常规 BP（back propagation）神经网络进行对比，得出自组织模型具有自学习、运算快、识别能力强等优点。南京航空航天大学的陈恬等[30]提出了将粗糙集和神经网络进行融合的故障诊断方法，首先对测量参数进行离散化，运用粗糙集建立故障决策表，然后进行属性约简和规则提取，再建立神经网络故障诊断模型，进而识别气路部件的几种典型故障。南京航空航天大学的陈恬等[31]在气路故障诊断中应用人工神经网络和 DS 证据理论建立了基于自组织竞争网络和神经网络两个诊断子系统，并应用 DS 证据理论推理诊断结果。

2. 基于贝叶斯网络的气路诊断方法

贝叶斯分类器在统计模式识别中被称为最优分类器。贝叶斯网络通过利用系统对象的先验知识和一种累计式的学习结构，对系统当前状况提供一种后验统计知识。它能利用实际运行的或仿真计算得到的数据来建立不同的部件诊断案例的概率密度函数，以捕捉系统对象完全非线性的特征。基于贝叶斯网络的气路故障诊断方法根据气路实测参数，利用贝叶斯推理公式计算机组故障诊断的后验概率结果。贝叶斯网络是当前不确定性知识表达和推理领域有效的理论模型之一，贝叶斯网络利用变量间条件独立关系将联合概率分布分解成多个较低复杂度的概率分布，进而降低模型表达的复杂性，提高推理效率，因此贝叶斯网络本质上是表示变量集合联合概率分布的一种简洁方法，该网络表达了燃气轮机故障征兆与故障模式关系的可能概率分布，网络节点表示变量，弧线表示这些变量直接可能存在的关系。

Romessis 等[32]基于稀疏贝叶斯学习理论提出了一种适用于单部件突发故障情况的气路诊断方法。对于单部件突发故障情况，通常仅会影响少数部件健康参数，而其余部件健康参数保持不变，此时，由于大部分部件健康参数相对于健康时的变化量为零，这就是数学上求解稀疏矩阵的问题。以某重型工业燃气轮机为诊断对象，通过对其单部件突发故障及存在燃料流量传感器故障的案例分析表明了此诊断方法的有效性。

Kestner 等[33]提出了一种基于贝叶斯网络的涡扇发动机气路诊断方法，其中部件性能衰退时的实测气路参数通过目标燃气轮机热力模型仿真得到，用于建立贝叶斯网络中实测气路参数与部件健康参数映射规则的条件概率表。每一个部件健康参数节点的条件概率表包含了健康参数状态的先验概率（根据机组历史运行经验知识定义），每一个实测气路参数节点的条件概率表包含了给定部件健康参数状态条件时实测气路参数状态的后验概率。通过该贝叶斯网络，可以由当前气路测量参数来预测各个部件健康参数节点状态。

为了兼顾贝叶斯网路诊断推理的通用性和准确性，Lee 等[34]提出了由多个为不同故障情况（包括单部件故障和多部件故障）订制的贝叶斯网络模型组成的诊断系统，这些多个贝叶斯网络模型的计算结果通过求取平均值后输出最终的诊断结果。通过在一个存在压气机故障和燃料流量传感器故障的燃气轮机机组上诊断验证，表明该方法能够成功地预测压气机性能衰退的程度和燃料流量传感器的偏差，并且这套由多个贝叶斯网络模型组成的诊断系统能够比仅用单个贝叶斯网络提供更准确的诊断结果。

3. 基于模糊逻辑的气路诊断方法

另一种在燃气轮机气路诊断领域中使用较为广泛的模式识别技术是模糊逻辑方法。该方法是将人类思维对客体不确定性的推理能力用形式化的方式来实现的一种技术，它能让计算机在不确定性情况下做出推理判断。其推理过程可以理解为通过特征向量的一个非线性输入/输出映射得到一个标量结果，其输入的映射通过以下四步实现：①模糊化（创建隶属度函数）；②推理规则的创建；③推理；④去模糊化。

Salar 等[35]将卡尔曼滤波器和模糊逻辑相结合提出了一种工业燃气轮机典型气路故障识别和隔离的混合方法，该方法首先利用目标燃气轮机热力模型的计算值与实际机组的测量值的偏差通过卡尔曼滤波器预测部件健康参数，并利用所得到的部件健康参数不断更新热力模型健康状况，同时通过模糊逻辑算法将预测的健康参数映射至实际气路物理故障。其中，实际气路物理故障与部件健康参数的映射关系通过 1D、3D 和准 3D 的燃气轮机模型利用有限体积法数值模拟得到。

上海交通大学的翁史烈等[36]研究了综合模糊逻辑和神经网络的故障诊断方法，采用连续变化型隶属函数来表示征兆模糊子集，模糊化之后采用 BP 神经网络进行训练，该方法将模糊理论与神经网络相结合，具有良好的训练效果。

Kong 等[37]结合模糊逻辑和神经网络两者的优点提出了一种涡桨发动机气路诊断方法。仅使用神经网络进行气路诊断时，存在诊断精度低且当训练样本较多时学习耗时长的问题，另外，为有效实现单部件和多部件故障诊断，通常需要设计成高复杂度的网络结构。为解决这一问题，首先利用模糊逻辑算法来识别、隔离故障部件，其次利用故障数据库训练后的神经网络来量化已隔离的故障部件的性能衰退程度。其中，气路测量参数与部件健康参数的规则数据库是通过目标燃气轮机热力模型仿真得到的。

4. 基于支持向量机的气路诊断方法

传统统计学习方法基于经验风险最小化原则，这些方法通常存在过学习问题。统计学习理论基于结构风险最小化原则，是一种小样本学习理论。其中，支持向量机（support vector machine，SVM）就是一种统计学习理论，在小样本基础上，在学习能力和模型复杂度之间进行优化，使得模型的泛化能力较好。

支持向量机通过求解凸二次规划问题进行优化，可以获得全局最优解（而神经网络训练易收敛于局部最优解），并且算法复杂度不受样本维度影响。支持向量机可以用于小样本问题和分类问题，能很好地解决过学习和欠学习问题，非线性分类能力强。

从 20 世纪 90 年代开始，基于支持向量机的各种燃气轮机气路故障诊断方法得到了广泛研究。Lee 等[38]利用支持向量机和神经网络方法构建了一种燃气轮机气路故障诊断混合方法，其中支持向量机用于气路故障的分类，神经网络用于气路故障的诊断，仿真结果验证了这种混合方法的有效性。尉询楷等[39]研究表明支持向量机在小样本时仍具有较好的泛化能力，徐启华等[40]研究利用支持向量机进行几种典型燃气轮机气路故障的诊断，并且在对校验样本施加一定噪声后，由支持向量机构成的故障分类器仍能够满足发动机故障诊断的要求，表明该故障诊断算法良好的抗噪声能力。

5. 基于粗糙集理论的气路诊断方法

粗糙集理论最先由 Pawlak 等[41]提出，它是一种用于处理模糊性、不精确性和不确定性的数学方法。它具有良好的燃气轮机气路诊断的潜力，主要基于两个特点：其一，它具有良好的抗传感器测量噪声的能力，其二，它能协助用于诊断为目的的气路测量参数集的选择。

Wang 等[42]提出了一种基于粗糙集的涡扇发动机气路诊断方法，其中气路部件性能衰退时的实测气路参数通过目标燃气轮机热力模型仿真得到，用于建立粗糙集中气路测量参数与部件衰退模式之间的映射分类表。在分析粗糙集算法对故障分类有效性的同时，还分析了不同分类结构对故障识别率的影响，并提出了三种分类结构：第一种分类结构仅需简单一步来识别单部件和双部件性能衰退模式；第二种分类结构分两步（第一步先识别是否为单部件性能衰退模式还是双部件性能衰退模式，第二步为进一步识别、定位具体的部件性能衰退模式）实现燃气轮机部件衰退模式分类；第三种分类结构也分两步（第一步先实现性能衰退类型的分类，第二步为进一步识别、定位具体的部件性能衰退模式）实现燃气轮机部件衰退模式分类。通过在设置有单部件和双部件衰退模式样本的双轴涡扇发动机热力模型中测试，表明后两种分类结构具有更高的故障识别成功率。

综上所述，基于模式识别的气路诊断技术的优点在于无须建立高精度的目标燃气轮机热力性能模型且容易准确识别、隔离发生性能衰退或故障的部件，缺点在于通过历史运行经验和现场监测数据来积累性能衰退模式与衰退征兆的关系规则库是一项艰巨而费时费力的工作，且不容易量化性能衰退程度。

1.2 基于振动信号的轴承故障诊断技术研究进展

轴承是燃气轮机系统中重要的支撑部件。轴承故障是旋转机械失效和损坏的主要原因之一，并带来巨大的经济损失。为确保机组运行可靠并减少经济损失，研发一种可靠有效的轴承故障诊断方法是极为必要的。在众多轴承故障诊断方法中，基于振动信号的诊断方法已经在过去几十年里受到了广泛关注。

轴承的振动信号蕴含着丰富的机械健康状况信息，这也使得通过信号处理技术从振动信号中提取表征机械健康状况的主导特征成为可能。当前，许多信号处理技术已经应用于轴承故障监测和诊断。然而，由于存在许多非线性因素（如刚度、摩擦、间隙等），轴承诊断信号（特别是故障状态时）将表现为非线性和非稳态的特征。另外，实测的振动信号不仅包含与轴承本身相关的运行状况信息，还包含大量的机组设备中其他旋转部件和结构的信息（这些相较于前者属于背景噪声）。由于背景噪声通常较大，轻微的轴承故障信息容易淹没于背景噪声中，并很难被提取。因此，常规的时域和频域方法（主要针对线性振动信号），甚至更为先进的信号处理技术［如小波变换（wavelet transform，WT）等］，不容易对轴承工作健康状况做出准确的评估。

随着非线性动力学的发展，许多非线性分析技术已经被应用于识别和预测轴承复杂的非线性动态特性。其中，较为典型的一种方法是通过一些先进的信号处理技术［如小波包分解变换（wavelet packet decomposition transform，WPDT）、希尔伯特变换（Hilbert transform，HT）、经验模态分解（empirical mode decomposition，EMD）、高阶谱（higher-order spectrum，HOS）等］的结合运用来从振动信号中提取故障特征频率，并进一步与理论特征频率值比较来评估轴承健康状况（需要结合专家的经验判断）。随着人工智能的发展，轴承故障诊断过程越来越多地被引入模式识别的范畴，并且其诊断的有效性和可靠性主要取决于表征故障特征的主导特征向量的选取。近来，一些基于熵的方法［如近似熵（approximate entropy，ApEn）、样本熵（sample entropy，SampEn）、模糊熵（fuzzy entropy，FuzzyEn）、分级熵（hierarchical entropy，HE）、分级模糊熵等］已经被提出用于从轴承振动信号中提取表征故障特征的主导特征向量，并获得了一定效果。

通常，故障特征提取之后，需要一种模式识别技术来实现轴承故障的自动化诊断。现今，各种模式识别方法已经应用于机械故障诊断中，其中，应用最为广泛的当属人工神经网络和支持向量机。人工神经网络的训练需要大量的样本，这是实际应用中很难甚至不可能办到的，尤其是包含故障特征的样本。支持向量机基于统计学习理论（特别适合于小样本训练的情况），比人工神经网络具有更优的泛化能力，并能确保局部的最优解与全局的最优解一致。然而，支持向量机分类器的准确性取决于其最优参数的选择。为确保诊断准确性，往往需要融入一些优化算法和/或设计成复杂的多类结构来改善支持向量机的有效性。

1.3　燃气轮机远程监测与诊断系统介绍

为了建立统一的远程监控与故障诊断平台，在现有实时数据库的基础上，开发完全 B/S 结构前端展示平台，将所有远程数据和诊断模块接入该平台（图 1.5），并提供专业的数据分析和展示功能。远程监控与故障诊断平台的特点如下：

（1）实现各台燃气轮机机组数据的集中管理和标准化分析展示；

（2）实现诊断模块连接标准化，不同的诊断模块提供标准化的接口，确保不同风格的诊断模块接入统一诊断平台；

（3）平台兼容性，基于完全 B/S 架构和超文本标记语言（hyper text markup language，HTML）5 技术，无须安装任何插件，可实现计算机和手机、平板电脑的完美数据展示。

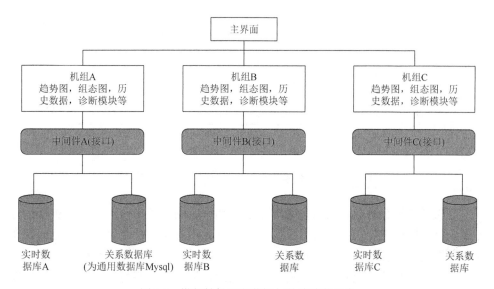

图 1.5　燃气轮机远程监控与故障诊断平台

远程监控与故障诊断平台采用 B/S 架构，后台采用 Java 语言，前台展示采用 HTML5 技术，分辨率自适应，支持不同电脑端浏览器（包括 IE、Firefox、Chrome 等）和移动端浏览器展示。

整个燃气轮机远程监控与故障诊断平台的功能架构如图 1.6 所示，主要分为三个层次。其中，第 1 层是燃气轮机机组就地层，用于监测数据获取，获取的监测参数分为两类：一类是与机组振动和燃烧稳定性分析相关的高频信号，此类信号与机组运行安全有关，且不便于远程传输，因此为了实现诊断响应的有效性与及时性，可以在就地层设置相应的用于轴承振动、啸鸣、燃烧室振动加速度分析的信号特征提取与模式识别的诊断功能模块；另一类是与热工参数相关的分布式计算机控制系统（distributed control system，DCS）信号，此类信号主要与机组运行性能有关，可以通过机组就地层的小 PI（plant information）数据库通过点对点虚拟专用网络（virtual private network，VPN）传输方式将热工参数传输到远程监控与故障诊断中心的大 PI 数据库（通过第 2 层）。

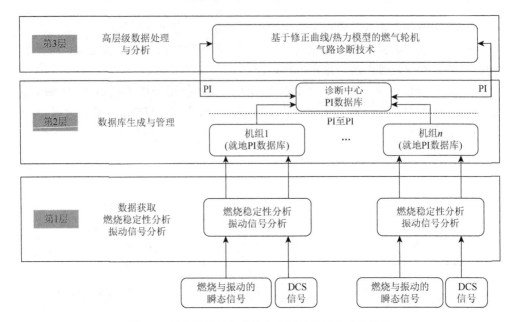

图 1.6　燃气轮机远程监控与故障诊断平台功能架构

　　在燃气轮机远程监控与故障诊断中心，通过监测热工参数，还可以实现运行优化，提升机组性能。如图 1.7 所示，热工参数的趋势曲线可以为机组运行操作轮廓提供快速可视化显示，还可以突出显示机组异常状况，如轴承振动水平。此外，与去年同月的同类热工参数趋势曲线直接比较，可以容易地观测到机组性能的缓慢退化趋势。监测机组过去 13 个月运行的热工参数趋势曲线也非常有用，因为其涵盖了一整年加上过去一年的类似月份。此外，长期的热工参数趋势曲线

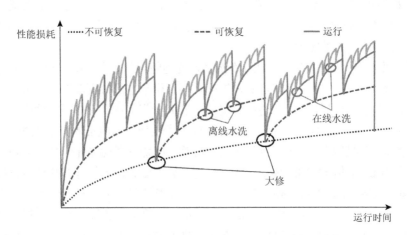

图 1.7　燃气轮机全寿命周期的运行优化

（通常为 13 个月）可以更好地了解机组性能下降情况以及经过运维检修后的性能恢复情况，后者实际上可以作为评判机组执行运维检修服务效果的指标。长期的热工参数趋势曲线监测的另一个目的是定期监测运维检修服务的结果，并确定每次恢复的性能衰退量。

此外，热工参数在第 3 层还用于高层级数据处理与分析，进一步用于基于热力学参数的燃气轮机气路部件诊断，诊断结果可以用于监测、隔离、量化性能衰退、损伤或故障的部件。这里基于热力学参数的燃气轮机气路部件诊断方法包括基于修正曲线的燃气轮机气路诊断方法和基于热力模型驱动的燃气轮机气路诊断方法（在第 2～8 章将重点论述）。

对于燃气-蒸汽联合循环电厂的燃气轮机，基于修正曲线的燃气轮机气路诊断方法的原理是将当前工况的燃气轮机各项性能指标（如机组出力、效率）通过各项修正曲线修正到同一工况（相同的环境条件和操作控制条件）下进行对比分析，可以给出粗略的诊断结果。其中，对燃气轮机机组性能产生影响的主要环境条件和操作控制条件因素（图 1.8）都需要通过修正曲线进行修正。

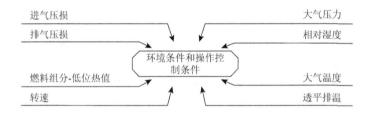

图 1.8　影响燃气-蒸汽联合循环电厂燃气轮机性能的主要环境条件和操作控制条件因素

参 考 文 献

[1]　Tahan M，Tsoutsanis E，Muhammad M，et al. Performance-based health monitoring, diagnostics and prognostics for condition-based maintenance of gas turbines：A review[J]. Applied Energy，2017，198：122-144.

[2]　蒋东翔，刘超，杨文广，等. 关于重型燃气轮机预测诊断与健康管理的研究综述[J]. 热能动力工程，2015，30（2）：174-179.

[3]　Ying Y L，Li J C，Chen Z M，et al. Study on rolling bearing on-line reliability analysis based on vibration information processing[J]. Computers and Electrical Engineering，2018，69：842-851.

[4]　Li Y G. Gas turbine performance and health status estimation using adaptive gas path analysis[J]. Journal of Engineering for Gas Turbines and Power，2010，132（4）：041701.

[5]　Urban L A. Gas Turbine Engine Parameter Interrelationships[M]. Windsor Locks：Hamilton Standard Division of United Aircraft Corporation，1969.

[6]　刘鹏鹏，左洪福，付宇，等. 涡喷发动机尾气静电监测及气路故障特征[J]. 航空动力学报，2013，（2）：473-480.

[7]　应雨龙. 船用燃气轮机气路诊断技术研究[D]. 哈尔滨：哈尔滨工程大学，2016.

[8]　Smetana F O. Turbojet engine gas path analysis：A review[J]. Agard Diagnostics and Engine Condition

Monitoring，1975，22（7）：1-13.

[9]   Li Y G. Performance-analysis-based gas turbine diagnostics：A review[J]. Proceedings of the Institution of Mechanical Engineers，Part A：Journal of Power and Energy，2002，216（5）：363-377.

[10]   Escher P C，Singh R. An object-oriented diagnostics computer program suitable for industrial gas turbines[C]. 21st （CIMAC）International Congress of Combustion Engines，London，1995：15-18.

[11]   Li Y G，Singh R. An advanced gas turbine gas path diagnostic system—PYTHIA[C]. XVII International Symposium on Air Breathing Engines，Munich，2005.

[12]   Stamatis A，Mathioudakis K，Papailiou K，et al. Jet engine fault detection with discrete operating points gas path analysis[J]. Journal of Propulsion and Power，1991，7（6）：1043-1048.

[13]   Aretakis N，Mathioudakis K，Stamatis A. Non-linear engine component fault diagnosis from a limited number of measurements using a combinatorial approach[C]. ASME Turbo Expo 2002：Power for Land，Sea，and Air. American Society of Mechanical Engineers，Amsterdam，2002：109-118.

[14]   Gulati A，Zedda M，Singh R. Gas turbine engine and sensor multiple operating point analysis using optimization techniques[C]. Proceedings of the 36th AIAA/ASME/SAE/ASEE Joint Propulsion Conference and Exhibit，Huntsville，2000：3716-3722.

[15]   Gronstedt T U J. Identifiability in multi-point gas turbine parameter estimation problems[C]. ASME Turbo Expo 2002：Power for Land，Sea，and Air. American Society of Mechanical Engineers，Amsterdam，2002：9-17.

[16]   Stamatis A，Mathioudakis K，Papailiou K D. Adaptive simulation of gas turbine performance[J]. Journal of Engineering for Gas Turbines and Power，1990，112（2）：168-175.

[17]   Stamatis A，Mathioudakis K，Papailiou K. Optimal measurements and health indices selection for gas turbine performance status and fault diagnosis[C]. ASME 1991 International Gas Turbine and Aeroengine Congress and Exposition. American Society of Mechanical Engineers，Orlando，1991：V005T15A006.

[18]   Santa I. Diagnostics of gas turbine engines based on thermodynamic parameters[C]. 6th Mini Conference on Vehicle System Dynamics，Identification and Anomalies，Budapest，1998.

[19]   Visser W P，Kogenhop O，Oostveen M. A generic approach for gas turbine adaptive modeling[J]. Journal of Engineering for Gas Turbines and Power，2006，128（1）：13-19.

[20]   Li Y G. Training future engineers on gas turbine gas path diagnostics using pythia[C]. ASME Turbo Expo 2014：Turbine Technical Conference and Exposition. American Society of Mechanical Engineers，Düsseldorf，2014：V006T08A003.

[21]   陈大光，韩凤学. 多状态气路分析法诊断发动机故障的分析[J]. 航空动力学报，1994，9（4）：349-352.

[22]   范作民，孙春林，白杰. 航空发动机故障诊断导论[M]. 北京：科学出版社，2004：50-100.

[23]   贺星，孙丰瑞，周密，等. 㶲效率在燃气轮机气路故障诊断中的应用研究[J]. 燃气涡轮试验与研究，2009，22（3）：50-59.

[24]   夏迪，陈娇，王永泓，等. 基于热参数的燃气轮机故障诊断系统分析软件[J]. 上海交通大学学报，2009，43（2）：283-287.

[25]   袁春飞，姚华. 基于卡尔曼滤波器和遗传算法的航空发动机性能诊断[J]. 推进技术，2007，28（1）：9-13.

[26]   方前. 航空发动机系统建模与故障诊断研究[D]. 西安：西北工业大学，2005：5-10.

[27]   叶志锋，孙健国. 应用神经网络诊断航空发动机气路故障的前景[J]. 推进技术，2002，23（1）：1-4.

[28]   李一帆. FJ44 发动机状态监控与故障诊断技术的研究与应用[D]. 广汉：中国民用航空飞行学院，2011：45-60.

[29]   汪健. 基于热力参数的大型机组热力循环系统的集成故障诊断系统[D]. 北京：清华大学，1996：22-45.

[30]   陈恬，孙健国. 粗糙集与神经网络在航空发动机气路故障诊断中的应用[J]. 航空动力学报，2006，21（1）：

207-212.

[31] 陈恬，孙健国，郝英. 基于神经网络和证据融合理论的航空发动机气路故障诊断[J]. 航空学报，2006，27（6）：1014-1017.

[32] Romessis C，Mathioudakis K. Bayesian network approach for gas path fault diagnosis[J]. Journal of Engineering for Gas Turbines and Power，2006，128（1）：64-72.

[33] Kestner B K，Lee Y K，Voleti G，et al. Diagnostics of highly degraded industrial gas turbines using Bayesian networks[C]. ASME 2011 Turbo Expo：Turbine Technical Conference and Exposition. American Society of Mechanical Engineers，Vancouver，2011：39-49.

[34] Lee Y K，Mavris D N，Volovoi V V，et al. A fault diagnosis method for industrial gas turbines using Bayesian data analysis[J]. Journal of Engineering for Gas Turbines and Power，2010，132（4）：041602.

[35] Salar A，Sedigh A K，Hosseini S，et al. A hybrid EKF-fuzzy approach to fault detection and isolation of industrial gas turbines[C]. ASME 2011 Turbo Expo：Turbine Technical Conference and Exposition，American Society of Mechanical Engineers，Vancouver，2011：251-260.

[36] 翁史烈，王永泓. 基于热力参数的燃气轮机智能故障诊断[J]. 上海交通大学学报，2002，36（2）：165-168.

[37] Kong C，Lim S. Study on fault diagnostics of a turboprop engine using inverse performance model and artificial intelligent methods[C]. ASME 2011 Turbo Expo：Turbine Technical Conference and Exposition. American Society of Mechanical Engineers，Vancouver，2011：75-83.

[38] Lee S M，Roh T S，Choi D W. Defect diagnostics of SUAV gas turbine engine using hybrid SVM-artificial neural network method[J]. Journal of Mechanical Science and Technology，2009，23（2）：559-568.

[39] 尉询楷，陆波，汪诚，等. 支持向量机在航空发动机故障诊断中的应用[J]. 航空动力学报，2005，19（6）：844-848.

[40] 徐启华，师军. 基于支持向量机的航空发动机故障诊断[J]. 航空动力学报，2005，20（2）：298-302.

[41] Pawlak Z，Skowron A. Rudiments of rough sets[J]. Information Sciences，2007，177（1）：3-27.

[42] Wang L，Li Y G，Ghafir M F A. Rough set diagnostic frameworks for gas turbine fault classification[C]. ASME Turbo Expo 2013：Turbine Technical Conference and Exposition. American Society of Mechanical Engineers，San Antonio，2013：V002T07A007.

第 2 章　基于热力学原理的燃气轮机气路诊断模型研究

准确的燃气轮机热力模型在燃气轮机性能分析和气路诊断应用中起到关键作用。对于当前的热力建模技术，在变工况下的热力计算准确性主要取决于机组各部件（压气机和透平）特性线的精度及工质热物性计算程序的精度。

为了提高热力计算的精度，本章首先基于美国国家标准与技术研究院（National Institute of Standards and Technology，NIST）网站数据库标准编制了空气和燃气的工质热物性计算程序。其次，建立了适用于不同工质组分情况下特性计算的全非线性部件级热力模型，其中各个压气机和透平热力模型中的部件特性线整理成通用的相对折合参数形式，为提出简单有效的部件特性线修正方法和气路诊断方法提供条件。最后，采用了一种基于粒子群优化算法辨识的部件特性线修正方法，该方法适用于对一套同一型号燃气轮机的部件特性线修正和对已有的其他型号燃气轮机的部件特性线修正这两种常见情况，使修正后热力模型的部件特性线与实际目标燃气轮机的真实部件特性线相匹配，以提高热力计算精度，为准确地进行机组性能分析和气路诊断打下基础。

2.1　空气、燃气工质热物性计算

建立准确的空气、燃气工质热物性计算程序是建立高精度的燃气轮机热力模型的前提和基础。在燃气轮机热力计算中，需要已知空气（进气道和压气机处的工质）和燃气（燃烧室和透平处的工质）的相关热物性参数（比定压热容、比焓、比熵等）。在燃气轮机中气体混合物相对于各自气体组分的临界点（临界温度便是气体能液化的最高温度）的值而言总是处在高温、低压状态，此时气体混合物及其各自气体组分都可以作为理想气体，理想气体的热力性质，如比定压热容、比焓等仅取决于温度，而与压力和体积无关。空气和燃气的工质热物性计算程序基于美国 NIST 网站数据库标准编制，该库已成为 Krawal-modular、IPSEpro、Thermoflex 等商用热力计算软件的工质热物性标准数据库。

1. 空气组分计算

对于干空气，其组分通常是固定的，如表 2.1 所示。

表 2.1　干空气的组分

干空气的组分	体积分数/%	质量分数/%
N_2	78.113	75.553
O_2	20.938	23.133
Ar	0.916	1.263
CO_2	0.033	0.051

然而空气中通常含有水蒸气，实际空气的组分需要根据当前大气温度、压力和相对湿度来计算。

首先计算空气的含湿度 h：

$$h = \frac{y_{H_2O}}{y_{干空气}} = \frac{M_{H_2O}}{M_{干空气}} \frac{\phi p_{H_2O,max}(t_0)}{p_0 - \phi p_{H_2O,max}(t_0)} \tag{2.1}$$

式中，y_{H_2O} 为空气中水蒸气的质量分数；$y_{干空气}$ 为空气中干空气的质量分数；M_{H_2O} 为空气中水蒸气的摩尔质量；$M_{干空气}$ 为空气中干空气的摩尔质量；ϕ 为相对湿度；p_0 为空气压力；t_0 为空气温度；$p_{H_2O,max}(t_0)$ 为空气温度 t_0 下的饱和水蒸气压力。

再由空气的含湿度 h 可以确定空气中水蒸气的质量分数，结合干空气中各组分的质量分数，可以得到空气中所有组分的质量分数。

2. 燃气组分计算

当压气机出口的空气与燃料 $C_xH_yO_zN_uS_v$ 进入燃烧室燃烧后产生燃气，通常空气一般是过量的，同时燃烧室中可能会注水或蒸汽以降低 NO_x 排放，所发生的燃烧化学反应如图 2.1 所示。

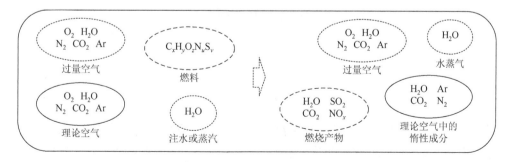

图 2.1　燃烧室中的燃烧化学反应过程

燃料 $C_xH_yO_zN_uS_v$ 的氮元素经过燃烧化学反应通常生成 NO_x，但由于其含量极低，在热力计算时可以计入最终的 N_2 成分中，可用如下燃烧化学方程式表示：

$$\beta C_xH_yO_zN_uS_v + \left(x+\frac{y}{4}+v-\frac{z}{2}\right)O_2 + d\left(x+\frac{y}{4}+v-\frac{z}{2}\right)N_2'$$

$$\longrightarrow \beta\left(xCO_2+\frac{y}{2}H_2O+vSO_2\right) + (1-\beta)\left(x+\frac{y}{4}+v-\frac{z}{2}\right)O_2$$

$$+d\left(x+\frac{y}{4}+v-\frac{z}{2}\right)N_2' + \frac{u}{2}\beta N_2 \tag{2.2}$$

由上述燃烧化学方程式可以得出任意燃料 $C_xH_yO_zN_uS_v$ 的理论消耗空气物质的量、理论生成燃气物质的量、燃料系数 β 的燃气物质的量和相应的燃气摩尔分数等。

（1）理论消耗空气物质的量 $n_{\beta=0}$（即 1mol 燃料完全燃烧时消耗的空气物质的量）：

$$n_{\beta=0} = (1+d)\left(x+\frac{y}{4}+v-\frac{z}{2}\right) \tag{2.3}$$

式中，d 为空气中 N_2 与 O_2 的体积比。

（2）理论生成燃气物质的量 $n_{\beta=1}$（即 1mol 燃料完全燃烧时生成的燃气物质的量）：

$$n_{\beta=1} = n_{\beta=0} + \frac{y}{4}+\frac{z}{2}+\frac{u}{2} \tag{2.4}$$

（3）理论消耗空气质量 L_0（即 1kg 燃料完全燃烧时消耗的空气质量）：

$$L_0 = \frac{n_{\beta=0}M_{air(N_2+O_2)}}{M_{fuel}} \tag{2.5}$$

式中，$M_{air(N_2+O_2)}$ 为空气中仅计及氮气与氧气时的摩尔质量；M_{fuel} 为燃料的摩尔质量。

（4）燃料系数为 β 时生成燃气物质的量 n_β：

$$n_\beta = n_{\beta=0} + \beta\left(\frac{y}{4}+\frac{z}{2}+\frac{u}{2}\right) \tag{2.6}$$

（5）燃料系数 β：

$$f = G_f / (G_a y_{O_2} + G_a y_{N_2}) \tag{2.7}$$

$$\beta = L_0 f \tag{2.8}$$

式中，G_f 为进入燃烧室的燃料质量流量；G_a 为进入燃烧室的压缩空气质量流量；y_{O_2} 为进入燃烧室的压缩空气中 O_2 的质量分数；y_{N_2} 为进入燃烧室的压缩空气中 N_2 的质量分数。

燃料系数为 β 时的燃气摩尔分数为

$$\begin{cases} r_{CO_2} = x\dfrac{\beta}{n_\beta} \\[2mm] r_{H_2O} = \dfrac{y}{2}\dfrac{\beta}{n_\beta} \\[2mm] r_{O_2} = \left(x+\dfrac{y}{4}+v-\dfrac{z}{2}\right)\dfrac{1-\beta}{n_\beta} \\[2mm] r_{N_2'+N_2} = \left[d\left(x+\dfrac{y}{4}+v-\dfrac{z}{2}\right)+\dfrac{u}{2}\beta\right]\dfrac{1}{n_\beta} \\[2mm] r_{SO_2} = v\dfrac{\beta}{n_\beta} \end{cases} \tag{2.9}$$

得到燃料系数为 β 时的燃气摩尔质量为

$$M_{gas} = \sum_{i=1}^{5} M_i r_i \tag{2.10}$$

式中，M_{gas} 为燃气的摩尔质量；r_i 为燃气中各组分的摩尔分数；M_i 为燃气中各组分的摩尔质量。

通过以上燃烧化学方程式可以由已知组分、质量的空气和已知组分、质量的任意燃料计算得到燃烧后的燃气组分，再计及燃烧室中有无注水或蒸汽情况以及过量空气和理论空气中未参与燃烧化学方程式的 H_2O、CO_2、Ar，即可得到最终的实际燃气组分。

3. 空气、燃气工质热物性计算

通过上述的空气组分和燃气组分计算过程，可以根据当前工质温度按照理想气体混合式（2.11）～式（2.13）计算得到当前温度下的空气、燃气热物性。

$$M_{mixed} = \frac{m_{mixed}}{n_{mixed}} = \frac{\sum\limits_{i=1}^{k} n_i M_i}{n_{mixed}} = \sum_{i=1}^{k} r_i M_i \tag{2.11}$$

$$c_{P,mixed} = \sum_{i=1}^{k} y_i c_{P,i} \tag{2.12}$$

$$h_{mixed} = \sum_{i=1}^{k} y_i h_i \tag{2.13}$$

式中，M_{mixed} 为空气或燃气的摩尔质量；r_i 为空气或燃气中各组分的摩尔分数；y_i 为空气或燃气中各组分的质量分数；$c_{P,mixed}$ 为空气或燃气的比定压热容；h_{mixed} 为空气或燃气的比焓。

1）空气、燃气比定压热容计算

利用插值法给出了以下几种气体物质的比定压热容与温度间的表达式：

$$c_P(\text{kJ}/(\text{kg}\cdot\text{K})) = \sum_{k=0}^{7} a_k \tau^k \qquad (2.14)$$

式中，$\tau = T(\text{K})/1000$；比定压热容的系数 a_k 如表 2.2 所示。

表 2.2　比定压热容的系数 a_k

物质	a_0	a_1	a_2	a_3	a_4	a_5	a_6	a_7
CO_2	0.57167	0.72087	1.79615	−4.92335	5.25018	−2.91375	0.82607	−0.09432
H_2O	1.89697	−0.70174	2.73057	−3.10363	2.31557	−1.10752	0.29271	−0.03194
N_2	1.08668	−0.29744	0.32581	0.85947	−1.54326	0.99981	−0.29828	0.03439
O_2	1.00874	−1.05157	3.75417	−5.07641	3.59835	−1.40399	0.28406	−0.0231
SO_2	0.47701	0.3202	1.43603	−3.45741	3.443	−1.80079	0.48458	−0.05289
Ar	0.52033	0	0	0	0	0	0	0

2）空气、燃气比焓计算

由比定压热容，可以根据热力学函数间的普遍关系式计算得到比焓，如下：

$$h(T) = \int_{T_0}^{T} c_P(T)\mathrm{d}T = \sum_{k=0}^{7} \frac{1000 a_k (\tau^{k+1} - \tau_0^{k+1})}{k+1} \qquad (2.15)$$

式中，$\tau_0 = 0.27315$。

3）空气、燃气比熵计算

由比定压热容，可以根据热力学函数间的普遍关系式计算得到比熵，如下：

$$s(T) = \int_{T_0}^{T} \frac{c_P(T)}{T}\mathrm{d}T = \sum_{k=1}^{7} \frac{a_k(\tau^k - \tau_0^k)}{k} + a_0 \ln\left(\frac{\tau}{\tau_0}\right) \qquad (2.16)$$

为校验工质热物性计算程序的准确性，将不同工质组分在不同温度情况下的焓值计算值与 NIST 数据库中相应焓值进行了对比，如表 2.3 所示。

表 2.3　空气、燃气工质热物性校核

空气、燃气组分（质量分数）	温度/℃	焓值(NIST)/(kJ/kg)	焓值(计算)/(kJ/kg)	相对误差/%	空气、燃气组分（质量分数）	温度/℃	焓值(NIST)/(kJ/kg)	焓值(计算)/(kJ/kg)	相对误差/%
Ar = 0.012334, CO₂ = 0.042453, H₂O = 0.041966, N₂ = 0.73768, O₂ = 0.16557	900	1016.6	1016.44	0.0157	Ar = 0.012214, CO₂ = 0.10324, H₂O = 0.054084, N₂ = 0.711, O₂ = 0.11945	920	1056	1055.97	0.0028
	786.94	878.55	878.47	0.0091		799.41	905.73	905.68	0.0055
	623.1	683.29	683.28	0.0015		631.64	701.84	701.87	−0.0043
	529.98	575.13	575.17	−0.007		308.7	330.03	330.16	−0.0394

续表

空气、燃气组分（质量分数）	温度/℃	焓值(NIST)/(kJ/kg)	焓值(计算)/(kJ/kg)	相对误差/%	空气、燃气组分（质量分数）	温度/℃	焓值(NIST)/(kJ/kg)	焓值(计算)/(kJ/kg)	相对误差/%
$Ar = 0.012334$, $CO_2 = 0.042453$, $H_2O = 0.041966$, $N_2 = 0.73768$, $O_2 = 0.16557$	480.72	518.82	518.87	−0.0096	$Ar = 0.012214$, $CO_2 = 0.10324$, $H_2O = 0.054084$, $N_2 = 0.711$, $O_2 = 0.11945$	259.43	275.85	275.98	−0.0471
	269.98	285.05	285.15	−0.0351		165.75	174.6	174.68	−0.0458
	76.471	79.63	79.63	0		66.878	69.895	69.91	−0.0215

由表 2.3 可知，所建工质热物性计算程序的误差最大不超过 0.05%，能确保工质热物性计算程序的准确性。

2.2　建立燃气轮机数学模型

燃气轮机系统的通流部件主要包括进气系统、压气机、燃烧室、透平和排气系统，其数学模型如下[1-8]。

1. 进气道数学模型

进气道的空气流动过程中，会产生沿程阻力损失和局部阻力损失，如式（2.17）所示：

$$\Delta P = \Delta P_l + \Delta P_\xi = \frac{\lambda}{D'} l \frac{\rho c^2}{2} + \xi \frac{\rho c^2}{2} \tag{2.17}$$

式中，ΔP_l 为沿程阻力损失；ΔP_ξ 为局部阻力损失；λ 为沿程阻力摩擦系数；ξ 为局部阻力损失系数；D' 为管段当量直径；l 为管段长度。

进气道进口气流状态随着工况的变化而变化，而进气道的尺寸和管路状况一般不随工况而变化，因此 $\lambda l / D' + \xi$ 不变，空气流经进气道产生的流动阻力损失 ΔP 与 ρc^2 成正比。由 $c = G / (\rho A)$，则进气道压损与入口空气质量流量的关系为

$$\frac{\Delta P}{\Delta P_0} = \frac{v G^2}{v_0 G_0^2} = \frac{\rho_0 G^2}{\rho G_0^2} \tag{2.18}$$

只要知道当前工况下与设计工况下的入口空气流量的相对值和比容的相对值，就可以求得当前计算工况下的进气道压损。则进气道出口总压为

$$P_{in}^* = P_0 - \Delta P \tag{2.19}$$

2. 压气机数学模型

根据相似理论有

$$\pi_{\mathrm{C}} = f(Ma_{\mathrm{u}}, Ma_{\mathrm{ca}}) = f\left(\frac{u}{\sqrt{kR_{\mathrm{g}}T_{\mathrm{in}}^*}}, \frac{c_{\mathrm{a}}}{\sqrt{kR_{\mathrm{g}}T_{\mathrm{in}}^*}}\right) \tag{2.20}$$

$$\eta_{\mathrm{C}} = f(Ma_{\mathrm{u}}, Ma_{\mathrm{ca}}) = f\left(\frac{u}{\sqrt{kR_{\mathrm{g}}T_{\mathrm{in}}^*}}, \frac{c_{\mathrm{a}}}{\sqrt{kR_{\mathrm{g}}T_{\mathrm{in}}^*}}\right) \tag{2.21}$$

式中，Ma_{u} 为周向马赫数；Ma_{ca} 为轴向马赫数。

考虑到 $P_{\mathrm{in}}^*V = GR_{\mathrm{g}}T_{\mathrm{in}}^*$，则有

$$\pi_{\mathrm{C}} = f\left(\frac{Dn}{\sqrt{kR_{\mathrm{g}}T_{\mathrm{in}}^*}}, \frac{G\sqrt{R_{\mathrm{g}}T_{\mathrm{in}}^*}}{D^2 P_{\mathrm{in}}^*\sqrt{k}}\right) \tag{2.22}$$

$$\eta_{\mathrm{C}} = f\left(\frac{Dn}{\sqrt{kR_{\mathrm{g}}T_{\mathrm{in}}^*}}, \frac{G\sqrt{R_{\mathrm{g}}T_{\mathrm{in}}^*}}{D^2 P_{\mathrm{in}}^*\sqrt{k}}\right) \tag{2.23}$$

式中，V 为压气机入口空气体积流量；D 为压气机入口叶轮直径。

对同一台压气机而言，因 D 为定值，则

$$\pi_{\mathrm{C}} = f\left(\frac{n}{\sqrt{kR_{\mathrm{g}}T_{\mathrm{in}}^*}}, \frac{G\sqrt{R_{\mathrm{g}}T_{\mathrm{in}}^*}}{P_{\mathrm{in}}^*\sqrt{k}}\right) \tag{2.24}$$

$$\eta_{\mathrm{C}} = f\left(\frac{n}{\sqrt{kR_{\mathrm{g}}T_{\mathrm{in}}^*}}, \frac{G\sqrt{R_{\mathrm{g}}T_{\mathrm{in}}^*}}{P_{\mathrm{in}}^*\sqrt{k}}\right) \tag{2.25}$$

当大气温度 T_0、压力 P_0 和相对湿度 ϕ 变化时，空气的气体常数 R_{g} 值为 0.287～0.295kJ/(kg·K)，而比热容比 k 变化幅度相对较小，由此可得

$$\pi_{\mathrm{C}} = f\left(\frac{n}{\sqrt{R_{\mathrm{g}}T_{\mathrm{in}}^*}}, \frac{G\sqrt{R_{\mathrm{g}}T_{\mathrm{in}}^*}}{P_{\mathrm{in}}^*}\right) \tag{2.26}$$

$$\eta_{\mathrm{C}} = f\left(\frac{n}{\sqrt{R_{\mathrm{g}}T_{\mathrm{in}}^*}}, \frac{G\sqrt{R_{\mathrm{g}}T_{\mathrm{in}}^*}}{P_{\mathrm{in}}^*}\right) \tag{2.27}$$

式（2.26）和式（2.27）适用于同一台压气机不同工质组分情况下的特性计算。整理成通用的相对折合参数形式：

$$G_{\mathrm{C,cor,rel}} = f(n_{\mathrm{C,cor,rel}}, \pi_{\mathrm{C,rel}}) \tag{2.28}$$

$$\eta_{\mathrm{C,rel}} = f(n_{\mathrm{C,cor,rel}}, \pi_{\mathrm{C,rel}}) \tag{2.29}$$

式中，$n_{\mathrm{C,cor,rel}} = \dfrac{n}{\sqrt{T_{\mathrm{in}}^* R_g}} \bigg/ \dfrac{n_0}{\sqrt{T_{\mathrm{in}0}^* R_{g0}}}$ 为相对折合转速；$G_{\mathrm{C,cor,rel}} = \dfrac{G\sqrt{T_{\mathrm{in}}^* R_g}}{P_{\mathrm{in}}^*} \bigg/ \dfrac{G_0\sqrt{T_{\mathrm{in}0}^* R_{g0}}}{P_{\mathrm{in}0}^*}$

为相对折合流量；$\pi_{\mathrm{C,rel}} = \dfrac{\pi_{\mathrm{C}}}{\pi_{\mathrm{C}0}}$ 为相对压比；$\eta_{\mathrm{C,rel}} = \eta_{\mathrm{C}}/\eta_{\mathrm{C}0}$ 为相对等熵效率。

3. 燃烧室数学模型

与压气机和透平相比，燃烧室的热力计算相对比较简单，通常可由压力恢复系数和燃烧效率来表示。在较大功率范围内，健康的燃烧室通常可以维持较高的燃烧效率 η_{B}，一般可用与整机输出功率相关的一维查表模块函数表示：

$$\eta_{\mathrm{B}} = f(\mathrm{load}) \tag{2.30}$$

式中，load 为燃气轮机的功率。

4. 透平数学模型

透平数学模型同压气机特性推导过程一样，整理成通用的相对折合参数形式为

$$G_{\mathrm{T,cor,rel}} = f(n_{\mathrm{T,cor,rel}}, \pi_{\mathrm{T,rel}}) \tag{2.31}$$

$$\eta_{\mathrm{T,rel}} = f(n_{\mathrm{T,cor,rel}}, \pi_{\mathrm{T,rel}}) \tag{2.32}$$

式中，$n_{\mathrm{T,cor,rel}} = \dfrac{n}{\sqrt{T_{\mathrm{in}}^* R_g}} \bigg/ \dfrac{n_0}{\sqrt{T_{\mathrm{in}0}^* R_{g0}}}$；$G_{\mathrm{T,cor,rel}} = \dfrac{G\sqrt{T_{\mathrm{in}}^* R_g}}{P_{\mathrm{in}}^*} \bigg/ \dfrac{G_0\sqrt{T_{\mathrm{in}0}^* R_{g0}}}{P_{\mathrm{in}0}^*}$；$\pi_{\mathrm{T,rel}} = $

$\dfrac{\pi_{\mathrm{T}}}{\pi_{\mathrm{T}0}}$；$\eta_{\mathrm{T,rel}} = \eta_{\mathrm{T}}/\eta_{\mathrm{T}0}$。

5. 排气道数学模型

排气道的燃气流动过程中，也会产生沿程阻力损失和局部阻力损失，如式（2.17）所示。

排气道进口气流状态随着工况的变化而变化，而排气道的尺寸和管路状况一般不随工况而变化，因此 $\lambda l/D' + \xi$ 不变，燃气流经排气道产生的流动阻力损失 ΔP 与 ρc^2 成正比。由 $c = G/(\rho A)$，则排气道压损与入口燃气质量流量的关系如式（2.18）所示。

只要知道当前工况下与设计工况下的进口燃气流量的相对值和比容的相对值，就可以求得当前计算工况下的排气道压损。

排气道进口总压为

$$P_{\mathrm{in}}^* = P_0 + \Delta P \tag{2.33}$$

2.3 部件特性线表示方法

在当前的燃气轮机热力建模技术条件下，性能模型的准确性主要依赖于压气机特性线的表示准确性。这些部件特性线实际上需由发动机试车台在不同操作条件下严格的试验获得，或者通过计算流体力学（computational fluid dynamics，CFD）数值模拟获取。与压气机特性线图相比，透平大部分时间都在阻塞工况下运行，因此透平特性线图呈现出更为统一的模式，如图 2.2 所示，且透平的热力模型可以作为一个集总参数模型，如图 2.3 所示。

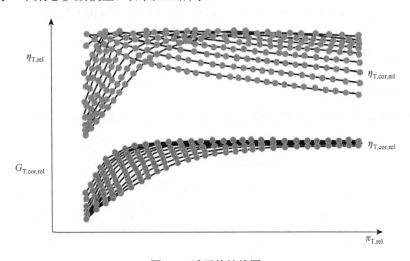

图 2.2 透平特性线图

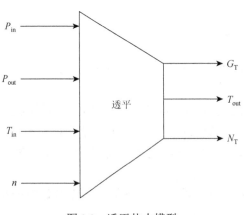

图 2.3 透平热力模型

对于全非线性部件级燃气轮机热力建模，压气机热力建模是最困难的。压气机热力模型通常也建成一个集总参数模型（图 2.4），并假设其表现为准静态，以便使用其稳态的压气机特性线图。

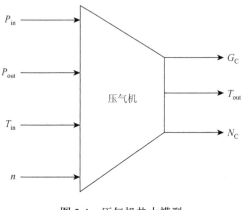

图 2.4　压气机热力模型

　　压气机特性是强非线性的，其特性线图可以由 4 个绝对参数（如质量流量、等熵效率、压比和转速）或相对折合参数来表示，并以等转速线或相对折合转速线的曲线簇的形式用两个特性线图（流量特性图和效率特性图）来表达，如图 2.5 所示。

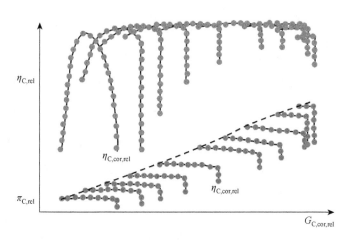

图 2.5　压气机特性线图

　　然而，在实际热力建模过程中，由压气机试车台试验或三维数值模拟通常只能获取包含设计工况点在内的部分压气机特性线，如图 2.6 所示。因此需要提出具有良好内插与泛化性能的压气机特性线图表达方法，目的是充分利用部件特性线图的变工况流量特性和效率特性来实现准确的变工况热力计算。

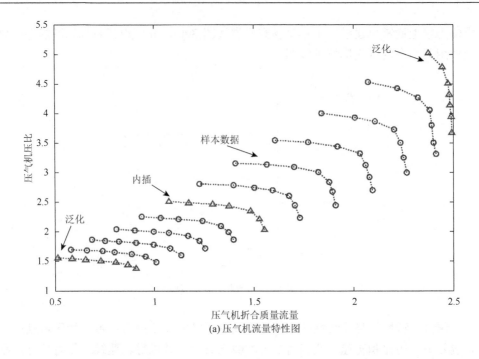

(a) 压气机流量特性图

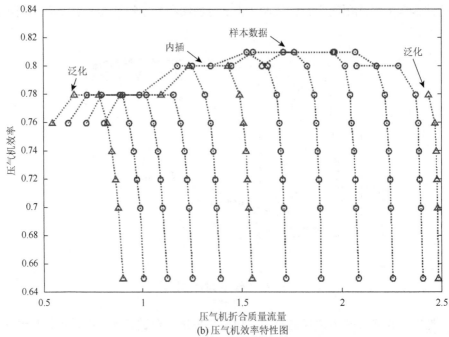

(b) 压气机效率特性图

图 2.6　压气机特性线图内插与泛化过程

目前，常用的压气机特性线图的表达方法有查表法、人工神经网络法、椭圆拟合算法、偏最小二乘回归法等。其中，查表法是最常用最简单的方法，其核心算法是线性或样条插值和外推算法。查表法已广泛应用于几乎所有的商业热力学计算软件，如 Krawal-modular、IPSEpro 和 Thermoflex。然而，该表达方法的缺点是，表格中压气机特性线图的样本数据必须是密集且规则的。人工神经网络由于具有高度非线性的映射能力也被广泛用于表达压气机特性线图。人工神经网络法可以通过设置合适的拓扑结构来构建任意的非线性函数。然而，人工神经网络法的外推性能往往是较差的。另外一种压气机特性线表达方法是椭圆拟合算法，利用旋转的椭圆方程通过优化过程拟合压气机特性线图。该方法的实际应用表明，旋转的椭圆方程拟合多项式系数的初始值选择对拟合准确性有较大的影响。此外，还有一种压气机特性线表达方法是偏最小二乘回归（partial least-squares regression，PLS）法[9, 10]，偏最小二乘回归法与普通多元回归分析在思路上的主要区别是，它在回归建模过程中采用了信息综合与筛选技术，它不再直接考虑因变量集合与自变量集合的回归建模，而是在变量系统中提取若干对系统具有最佳解释能力的新综合变量（又称为成分），然后利用它们进行回归建模。

综上所述，已经提出了许多压气机特性线图表达方法来提高特性线内插与泛化性能，并且论述了查表法、人工神经网络法、椭圆拟合算法、偏最小二乘回归法的优缺点。我们之前的研究工作[9]已经证明了偏最小二乘回归法在表达压气机特性线图方面是一种有用可靠的方法，有以下两个原因：①具有出色的内插和外推性能；②无须选择拟合多项式函数系数的初始值。其中，查表法、人工神经网络法和偏最小二乘回归法的具体算法如下。

（1）查表法。查表法是最常用最简单的方法，其核心算法是线性或样条插值和外推算法。然而，该表达方法的缺点是，表格中压气机特性线图的样本数据必须是密集且规则的。因此，在使用查表法来表达压气机特性线图时，通常需要借助其他内插与外推算法来加密原始压气机特性线图上的样本数据。

（2）人工神经网络法。BP 神经网络是人工神经网络中使用最广泛的一种，它是一种多层前馈神经网络，该网络的主要特点是信号前向传递，误差反向传播。在前向传递中，输入信号从输入层经隐含层逐层处理，直至输出层。每一层的神经元状态只影响下一层神经元状态。如果输出层得不到期望输出，则转入反向传播，根据预测误差调整网络权值和阈值，从而使 BP 神经网络预测输出不断逼近期望输出。

BP 神经网络可以看成一个非线性函数，网络输入值和预测值分别为该函数的自变量和因变量。BP 神经网络就表达了从 n 个自变量到 m 个因变量的函数映射关系。基于 BP 神经网络的压气机特性建模包括 BP 神经网络构建、BP 神经网络训练和 BP 神经网络预测 3 步，算法流程如图 2.7 所示。

（3）偏最小二乘回归法。多元统计数据分析方法有两大类。一类是模型式的方法，以回归分析和判别分析为主要代表。其特点是在变量集合中有自变量和因变量之分。希望通过数据分析，找到因变量与自变量之间的函数关系，建立模型，用于预测。而另一类则是认识性的方法，以主成分分析、聚类分析为代表，典型相关分析也属于此类方法。这类方法的主要特征是在原始数据中没有自变量和因变量之分，而通过数据分析，可以简化数据结构，观察变量间的相关性或样本点的相似性。长期以来，这两类方法的界限是十分清楚的。而偏最小二乘回归法则把它们有机地结合起来，在一个算法中，可以同时实现回归建模（多元线性回归分析）、数据结构简化（主成分分析）以及两组变量间的相关分析（典型相关分析）。这给多元系统分析带来极大的便利，这是多元统计数据分析中的一个飞跃。

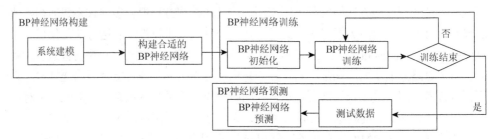

图 2.7　BP 神经网络的算法流程

　　偏最小二乘回归法是一种新型的多元统计数据分析方法。偏最小二乘回归法在统计应用中的重要性主要有以下几个方面。

　　①偏最小二乘回归法是一种多因变量对多自变量的回归建模方法。

　　②偏最小二乘回归法可以较好地解决许多以往用普通多元回归无法解决的问题。在普通多元线性回归的应用中，常受到许多限制，最典型的问题就是自变量之间的多重相关性。在偏最小二乘回归法中开辟了一种有效的技术途径，它利用对系统中数据信息进行分解和筛选的方式，提取对因变量解释性最强的综合变量，辨识系统中的信息与噪声，从而更好地克服变量多重相关性在系统建模中的不良作用。另一个在使用普通多元回归时经常受到的限制是样本点数量不宜太少。普通多元回归对样本点数量小于变量个数时的建模分析是完全无能为力的，而这个问题的数学本质与变量多重相关性十分类似，因此，采用偏最小二乘回归法也可较好地解决该问题。

　　③偏最小二乘回归法之所以被称为第二代回归方法，还由于它可以实现多种数据分析方法的综合应用。偏最小二乘回归法可以集多元线性回归分析、典型相关分析和主成分分析的基本功能为一体，将建模预测类型的数据分析方法与非模型式的数据认识性分析方法有机地结合起来，即偏最小二乘回归≈多元线性回归分析＋典型相关分析＋主成分分析。

　　本节采用图 2.6 所示的压气机特性线图来测试上述几类部件特性线表示方法的有效性。其中，偏最小二乘回归法采用了两种回归模型，一种是以多项式 $\phi(x) = [1, x, x^2, \cdots, x^{b-1}]^T$ 为基函数的偏最小二乘回归模型（记为 PLS1），另一种是以三角多项式 $\phi(x) = [1, \sin x, \cos x, \sin 2x, \cos 2x, \cdots, \sin mx, \cos mx]^T$ 为基函数的偏最小二乘回归模型（记为 PLS2），来开展压气机的特性线图回归建模研究。

　　基于上述几类部件特性线表示方法，压气机流量特性图的内插与泛化的准确性对比图如图 2.8～图 2.10 所示。

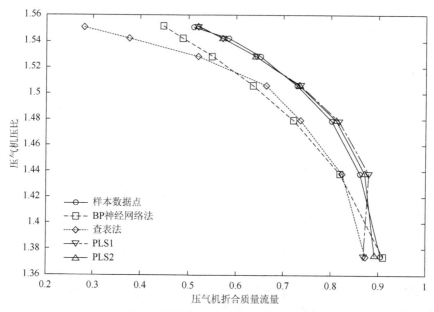

图 2.8　压气机流量特性图较低等转速线外推效果对比

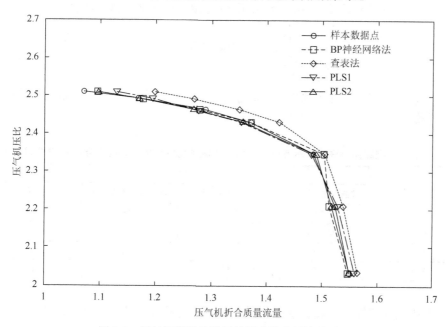

图 2.9　压气机流量特性图等转速线内插效果对比

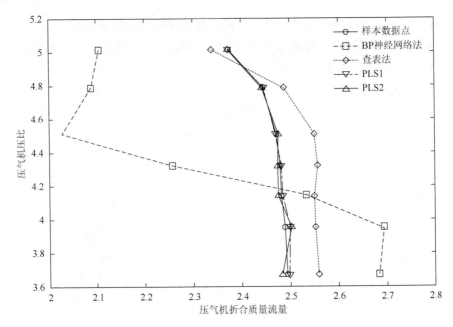

图 2.10 压气机流量特性图较高等转速线外推效果对比

为了进一步比较上述几类部件特性线表示方法用于压气机流量特性图的内插与泛化的准确性，我们引入样本数据点与预测数据点的均方根误差（root mean square，RMS）[式（2.34）]来评判几类部件特性线表示方法的内插与外推性能，如表 2.4 所示。

$$\text{RMS} = \sqrt{\frac{\sum_{i=1}^{m}\left[(z_{i,\text{predicted}} - z_{i,\text{test}})/z_{i,\text{test}}\right]^2}{m}} \qquad (2.34)$$

式中，$z_{i,\text{test}}$ 为第 i 个样本数据点；$z_{i,\text{predicted}}$ 为第 i 个预测数据点；m 为样本数据点的总数。

表 2.4 几类部件特性线表示方法用于压气机流量特性图的内插与泛化的准确性对比

表示方法	RMS/%			
	较低等转速线外推	等转速线内插	较高等转速线外推	总体
查表法	13.3236	6.9334	6.3699	9.4193
BP 神经网络法	7.6496	1.4385	27.3835	16.4362
PLS1	1.7510	2.6251	0.4814	1.8429
PLS2	0.9856	1.4937	0.7414	1.1184

上述几类部件特性线表示方法用于压气机流量特性图的内插与泛化时，每预测一个数据点的计算耗时对比如表 2.5 所示。

表 2.5　几类部件特性线表示方法用于压气机流量特性图的内插与泛化的计算实时性对比

表示方法	计算耗时/s
查表法	$8×10^{-4}$
BP 神经网络法	$5.799×10^{-3}$
PLS1	$5.1×10^{-5}$
PLS2	$5×10^{-6}$

由图 2.8～图 2.10 及表 2.4 可知，采用 BP 神经网络的压气机流量特性图表示方法比另外三种部件特性线表示方法具有更优的内插性能，但其外推（泛化）性能是最差的。采用偏最小二乘回归法的压气机流量特性图表示方法比另外两种部件特性线表示方法具有综合表现更优的内插与外推性能。由表 2.5 可知，采用偏最小二乘回归法的压气机流量特性图表示方法可以确保良好的计算实时性。由两种偏最小二乘回归模型的内部比较可知，以三角多项式 $\phi(x) = [1, \sin x, \cos x, \sin 2x, \cos 2x, \cdots, \sin mx, \cos mx]^{\mathrm{T}}$ 为基函数的偏最小二乘回归模型要比以多项式 $\phi(x) = [1, x, x^2, \cdots, x^{b-1}]^{\mathrm{T}}$ 为基函数的偏最小二乘回归模型在压气机流量特性线图回归建模上更优异。

基于上述几类部件特性线表示方法，压气机效率特性图的内插与泛化的准确性对比图如图 2.11～图 2.13 所示。

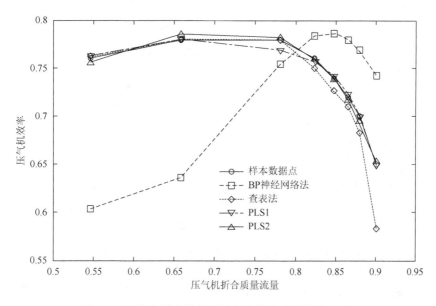

图 2.11　压气机效率特性图较低等转速线外推效果对比

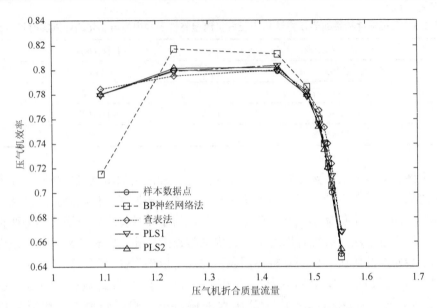

图 2.12　压气机流量特性图等转速线内插效果对比

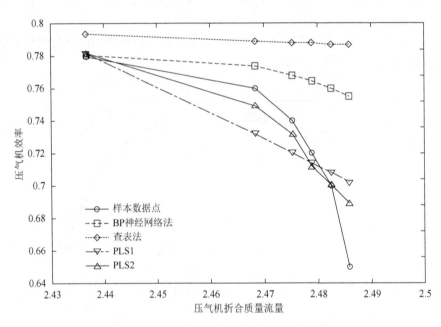

图 2.13　压气机效率特性图较高等转速线外推效果对比

　　为了进一步比较上述几类部件特性线表示方法用于压气机效率特性图的内插与泛化的准确性，我们引入样本数据点与预测数据点的均方根误差［式（2.34）］来评判几类部件特性线表示方法的内插与外推性能，如表 2.6 所示。

表 2.6　几类部件特性线表示方法用于压气机效率特性图的内插与泛化的准确性对比

表示方法	RMS/%			
	较低等转速线外推	等转速线内插	较高等转速线外推	总体
查表法	2.5276	1.3200	7.5256	4.2045
BP 神经网络法	9.0518	2.3180	5.4155	6.1849
PLS1	0.4384	0.8336	2.5670	1.4345
PLS2	0.3500	0.3430	1.7169	0.9261

上述几类部件特性线表示方法用于压气机效率特性图的内插与泛化时，每预测一个数据点的计算耗时对比如表 2.7 所示。

表 2.7　几类部件特性线表示方法用于压气机效率特性图的内插与泛化的计算实时性对比

表示方法	计算耗时/s
查表法	1.12×10^{-4}
BP 神经网络法	6.118×10^{-3}
PLS1	5.0×10^{-5}
PLS2	7×10^{-6}

由图 2.11～图 2.13 及表 2.6 可知，采用 BP 神经网络的压气机效率特性图表示方法比另外三种部件特性线表示方法具有更差的内插与外推（泛化）性能。采用偏最小二乘回归法的压气机效率特性图表示方法比另外两种部件特性线表示方法具有综合表现更优的内插与外推性能。由表 2.7 可知，采用偏最小二乘回归法的压气机效率特性图表示方法可以确保良好的计算实时性。由两种偏最小二乘回归模型的内部比较可知，以三角多项式 $\phi(x) = [1, \sin x, \cos x, \sin 2x, \cos 2x, \cdots, \sin mx, \cos mx]^T$ 为基函数的偏最小二乘回归模型要比以多项式 $\phi(x) = [1, x, x^2, \cdots, x^{b-1}]^T$ 为基函数的偏最小二乘回归模型在压气机效率特性线图回归建模上更优异。

综上所述，为充分利用部件特性线图的变工况流量特性和效率特性来实现准确的变工况热力计算，需要提出具有良好内插与泛化性能的部件特性线图表示方法。本节讨论了几类部件特性线表示方法，并从内插与外推（泛化）性能与计算实时性两方面进行了对比测试，得到了以下有意义的结论。

（1）采用偏最小二乘回归法的部件特性图表示方法比其他常用的部件特性线表示方法具有综合表现更优的内插与外推性能。

（2）以三角多项式 $\phi(x) = [1, \sin x, \cos x, \sin 2x, \cos 2x, \cdots, \sin mx, \cos mx]^T$ 为基函数的偏最小二乘回归模型要比以多项式 $\phi(x) = [1, x, x^2, \cdots, x^{b-1}]^T$ 为基函数的偏最小二乘回归模型在部件特性线图回归建模上更优异。

（3）采用偏最小二乘回归法的部件特性图表示方法可以确保良好的计算实时性。

2.4　建立燃气轮机热力模型

建立准确的燃气轮机热力模型对于成功实现机组性能分析和气路诊断是至关重要的前提条件。在当前的燃气轮机热力建模技术条件下，性能模型的准确性主要依赖于其部件（压气机和透平）的特性线和工质热物性计算程序的精度，尤其是部件特性线的精度。这些部件特性线实际上需由发动机试车台在不同操作条件下严格的试验获得。试车台试验费时且昂贵，发动机制造商不可能获取每一台燃气轮机的部件特性线。因此，制造商通常只会提供给用户一套同一型号燃气轮机的部件特性线。然而对于同一型号的燃气轮机，由于制造和组装偏差的原因，其部件特性会产生一定的差别。此外，由于维护、改造、大修等原因，其部件特性也会发生较大的改变。因此，使用同一型号燃气轮机的同一套部件特性线来进行热力建模时，通常会产生一定程度的计算误差。对于用户，有时因制造商保密原因，甚至无法获得相关型号燃气轮机的部件特性线，只能通过已有的其他类型燃气轮机的部件特性线进行比例缩放后来使用，致使热力计算误差有时会难以接受。

由于热力模型的计算误差有可能与实际发动机性能衰退而导致的实测气路参数偏差处在同一数量级上，此时性能模型的不准确性可能会对气路性能诊断的结果产生严重影响。为了提高热力性能模型的计算精度，众多学者提出了一些有效方法，主要通过气路实测参数来修正热力模型的部件特性线或生成新的部件特性线。Lambiris 等[11]最先引入了一种燃气轮机热力模型修正方法，它通过优化算法来搜索一组最优的部件特性线比例系数。随后，Simani 等[12]对此方法进行了拓展。Kong 等[13]采用系统辨识方法提出了一种基于已有部件特性线及在设计工况点获得的比例系数来获取变工况下的新部件特性线的方法。为了解决通过比例缩放获得部件特性线精度较低的问题，Kong 等[14]提出了采用遗传算法来生成新部件特性线的方法。Li 等[15]和 Roth 等[16]各自提出了两种不同的设计工况点热力模型修正方法，来减小热力模型设计工况点气路参数计算值与气路参数实测值的偏差，其中，Li 等采用的是牛顿-拉弗森算法，而 Roth 等采用的是基于最小二乘法的最优估计方法。Gatto 等[17]利用单个变工况点实测气路参数通过遗传算法优化得到了一组部件特性线比例系数，随后 Li 等[18]对这种方法进行了改进，提出了一种通过遗传算法利用多个变工况点实测气路参数来获取最优的部件特性线比例系数的方法。Gatto 等和 Li 等所述的变工况点热力模型修正方法都通过遗传算法来获取单组比例系数来对整体部件特性线进行修正。由于燃气轮机特性通常表现为强非线性，通过单组比例系数修正后的热力模型特性可能在其他变工况点发生改变，致使计算误差变大。燃气轮机强非线性的特性，使得通过单组优化的比例系数来达到减小较大变工况范围内热力模型计算误差的目的显得十分困难。

　　针对上述问题，重点解决如何建立以燃气轮机性能分析和气路诊断为目的的高精度热力模型的问题，具体内容如下：

　　（1）基于美国 NIST 网站数据库标准编制空气和燃气的工质热物性计算程序（2.1 节）；

　　（2）建立适用于工质组分变化情况的全非线性部件级热力模型，为提出简单有效的部件特性线修正方法和气路诊断方法提供基础（2.2 节）；

　　（3）本章提出一种基于粒子群优化算法辨识的部件特性线修正方法[19]，适用于对一套同一型号燃气轮机的部件特性线修正和对已有的其他型号燃气轮机的部件特性线修正这两种常见情况，使修正后热力模型的部件特性线与实际目标燃气轮机的真实部件特性线相匹配，以提高热力计算精度，为准确的机组性能分析和气路诊断打下基础。

2.4.1　燃气轮机应用对象介绍

　　以某型三轴燃气轮机为研究对象，该型三轴燃气轮机气路工作截面标识图如图 2.14 所示。

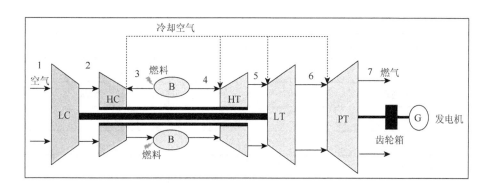

图 2.14　某型三轴燃气轮机气路工作截面标识图

1-2 为空气在低压压气机（LC）的压缩过程；2-3 为空气在高压压气机（HC）的压缩过程；3-4 为压缩空气与燃料在燃烧室（B）的燃烧过程；4-5 为高温高压的燃气在高压透平（HT）的膨胀做功过程；5-6 为较高温高压的燃气在低压透平（LT）的膨胀做功过程；6-7 为较高温高压的燃气在动力透平（PT）的膨胀做功过程

　　该型三轴燃气轮机包括两个压气机（即一个低压压气机和一个高压压气机）、一个燃烧室和三个透平（即一个高压透平、一个低压透平和一个动力透平），其中发电机通过一个减速齿轮箱与动力透平相连接。低压透平的输出功通过低压轴驱动低压压气机来压缩从进气道出来的空气，高压透平的输出功通过高压轴驱动高压压气机来继续压缩从低压压气机出来的空气。从高压压气机出来的高压空气进入燃烧室与燃料发生燃烧化学反应生成高温、高压的燃气，燃气依次进入高压透平、低压透平和动力透平来驱动透平输出功。最终，动力透平通过减速齿轮箱驱动发电机来产生电功率。同时，从压气机中抽取的冷却空气流入热端气流通道去冷却各个透平前几级的静叶、动叶和轮盘。当燃气轮机稳定运行时，发电机的电功率和动力透平的转速通常作为主要控制参数而维持定常。该机组的气路测量参数如表 2.8 所示。

表 2.8 燃气轮机机组的气路测量参数

参数	符号	单位
大气压力	P_0	MPa
大气温度	T_0	K
相对湿度	ϕ	%
LC 入口总压	P_1	MPa
LC 入口总温	T_1	K
燃料流量	G_f	kg/s
LC 出口总压	P_2	MPa
LC 出口总温	T_2	K
HC 出口总压	P_3	MPa
HC 出口总温	T_3	K
HT 出口总压	P_5	MPa
HT 出口总温	T_5	K
LT 出口总压	P_6	MPa
LT 出口总温	T_6	K
PT 出口总压	P_7	MPa
PT 出口总温	T_7	K
LT 转速	n_1	r/min
HT 转速	n_2	r/min
PT 转速	n_3	r/min
发电机输出功率	N_e	kW

　　目标燃气轮机的热力模型通过 VC++ 和 MATLAB 混合编程建立，结合了 C++ 代码执行实时性和 M 脚本文件算法易编程这两者的特点。其中，工质热物性计算程序通过 VC++ 建立，并编译生成适合 MATLAB 调用的动态链接库.dll 文件，作为子程序以供燃气轮机热力计算调用；燃气轮机各个部件的热力模型主程序通过 MATLAB 的 M 脚本文件建立。

　　热力模型的输入条件为：环境条件（大气温度 T_0、压力 P_0、相对湿度 ϕ）、发电机输出功率 N_e（作为操作条件）、燃料组分、燃料低位热值、气路部件健康参数 SF（对于新投运或健康机组，SF = 1，其详细的概念介绍将在第 3 章阐述）。热力模型的计算输出为：燃料流量 G_f、各个部件进出口气路截面处的热力参数（如总压、总温）及转速等。

2.4.2　基于粒子群优化算法辨识的部件特性线修正方法

　　建立准确的燃气轮机热力模型对于成功实现机组性能分析和气路诊断是至关重要的前提条件，若热力性能模型中的部件特性线与实际部件特性线存在偏差，则热力计算值将会偏离实测气路参数值。因此，对热力性能模型中的部件特性线修正对于提高热力计算准确性显得极为重要。

　　通常，设计工况点是热力模型变工况热力计算的起始点和基础点，在热力建模过程中，首先需要确保设计工况点的计算精度。其次，机组通常变工况运行，因此也需根据实际性能分析和气路诊断情况确保在一定变工况范围内热力计算的准确性。本节提出了一种基于粒子群优化算法辨识的部件特性线修正方法，以简单有效地解决上述问题。

　　压气机和透平的特性图整理成通用的相对折合参数形式后，其流量特性图和效率特性图是以不同相对折合转速线分布的曲线图。定义压气机和透平特性线修正系数如下：

$$\begin{cases} S_\eta = \eta_{\mathrm{rel}}^* / \eta_{\mathrm{rel}} \\ S_g = G_{\mathrm{cor,rel}}^* / G_{\mathrm{cor,rel}} \end{cases} \tag{2.35}$$

式中，上角标*表示修正后的部件特性参数。

　　为了将部件特性线按非线性修正，将上述的修正系数定义为以相对折合转速为自变量的二次形式的辨识参数函数，如下：

$$S_x = a + b(1 - n_{\mathrm{cor,rel}}) + c(1 - n_{\mathrm{cor,rel}})^2 \tag{2.36}$$

式中，a、b 和 c 为待辨识参数函数的系数。

　　式（2.36）中待辨识参数函数的系数 a 对部件特性线整体偏移程度的修正起主要作用，系数 b 和 c 主要对部件特性线旋转形状的修正起主要作用。

　　此时，部件特性线的修正过程可以视作一个优化辨识问题，如图 2.15 所示，其中关于粒子群优化（particle swarm optimization，PSO）算法的详细介绍及应用可以参考文献[19]，并会在第 3 章详细介绍。在设计工况及各个变工况环境条件和操作条件下，将热力模型的气路参数计算值 $\hat{z}$ 与实测气路参数 z 进行比较，其均方根误差作为目标函数 F_{itness}，通过迭代寻优计算得到系数 a、b 和 c 的值，从而得到各个最优的辨识参数函数的系数。其中，目标函数 F_{itness} 表示如下：

$$F_{\text{itness}} = \sqrt{\dfrac{\sum\limits_{j=1}^{m}\sum\limits_{i=1}^{M}\left[\left(z_{i,j,\text{predicted}} - z_{i,j,\text{actual}}\right) / z_{i,j,\text{actual}}\right]^2}{mM}} \qquad (2.37)$$

式中，m 为所选取的工况点数目；$z \in \mathbf{R}^{M}$ 为实测气路参数向量；M 为实测气路参数的数目。

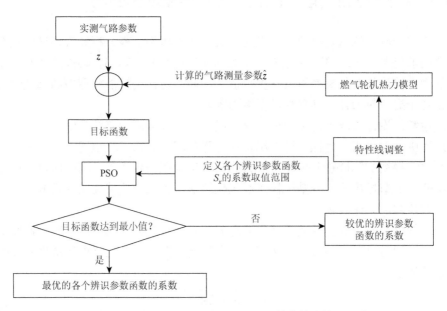

图 2.15　基于粒子群优化算法辨识的部件特性线修正方法

　　将得到的各个最优的辨识参数函数应用于整个部件特性线，则修正后的部件特性线参数如下：

$$n_{\text{cor,rel}}^{*} = n_{\text{cor,rel}} \qquad (2.38)$$

$$G_{\text{cor,rel}}^{*} = S_g G_{\text{cor,rel}} \qquad (2.39)$$

对于压气机，形式为

$$G_{\text{cor,rel}}^{*} = S_g G_{\text{cor,rel}} = S_g f(n_{\text{cor,rel}}, \pi_{\text{C,rel}}) \qquad (2.40)$$

对于透平，形式为

$$G_{\mathrm{cor,rel}}^{*} = S_{g} G_{\mathrm{cor,rel}} = S_{g} f(n_{\mathrm{cor,rel}}, \pi_{\mathrm{T,rel}}) \tag{2.41}$$

$$\eta_{\mathrm{rel}}^{*} = S_{\eta} \eta_{\mathrm{rel}} \tag{2.42}$$

对于压气机，形式为

$$\eta_{\mathrm{rel}}^{*} = S_{\eta} \eta_{\mathrm{rel}} = S_{\eta} f(n_{\mathrm{cor,rel}}, \pi_{\mathrm{C,rel}}) \tag{2.43}$$

对于透平，形式为

$$\eta_{\mathrm{rel}}^{*} = S_{\eta} \eta_{\mathrm{rel}} = S_{\eta} f(n_{\mathrm{cor,rel}}, \pi_{\mathrm{T,rel}}) \tag{2.44}$$

燃气轮机的部件特性线实际上需由发动机试车台在不同操作条件下严格的试验获得。然而，由于试车台试验费时且昂贵，发动机制造商不可能会获取每一台燃气轮机的部件特性线。因此，制造商通常只会提供给用户一套同一型号燃气轮机的部件特性线。然而对于同一型号的燃气轮机，由于制造和安装偏差的原因，其部件特性也会发生变化。此外，由于维护、改造、大修等原因，其本身部件特性会发生较大的改变。因此，使用同一型号燃气轮机的同一套部件特性线进行热力建模时，通常会产生一定计算误差。对于用户，有时因制造商保密原因，甚至无法获得相关型号的部件特性线，只能通过已有的其他类型燃气轮机的部件特性线进行比例缩放后使用，致使热力计算误差有时会难以接受。

根据上述两种常见实际情况分别阐述部件特性线修正过程。

1. 对一套同一型号燃气轮机的部件特性线修正

当用户使用同一型号燃气轮机的同一套部件特性线进行热力建模时，由制造和安装偏差所导致的热力计算误差相对较小。这种偏差通过对热力模型中两个压气机（即一个低压压气机和一个高压压气机）和三个透平（即一个高压透平、一个低压透平和一个动力透平）部件的效率特性线和流量特性线分别设置某一较小的偏置系数函数来模拟，这里所选取的偏置系数函数统一如下：

$$S = 1.05 + 0.25(1 - n_{\mathrm{cor,rel}}) + 0.25(1 - n_{\mathrm{cor,rel}})^{2} \tag{2.45}$$

设置式（2.45）所示的偏置系数函数后，低压压气机和高压压气机特性线变化如图 2.16（a）和图 2.16（b）所示。图中，实线表示目标船用燃气轮机真实的特性线，虚线表示用户拥有的一套同一型号燃气轮机的部件特性线（这里通过对目标船用燃气轮机真实的特性线设置式（2.45）所示的较小的偏置系数函数得到）。当用户使用该套同一型号燃气轮机的部件特性线来建立目标燃气轮机热力性能模型时，所计算得到的共同工作线（虚线表示）和目标燃气轮机真实的共同工作线（实线表示）有所偏差，此时热力模型的气路参数计算值必然与真实气路参数测量值存在一定偏差，而导致使用该热力模型时对真实机组性能分析和气路诊断结果造成偏差。

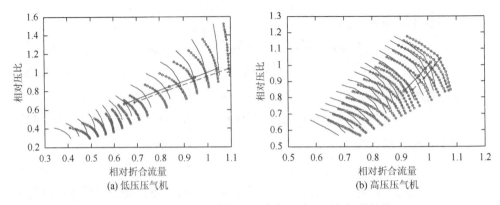

图 2.16　部件特性线修正前的低压压气机和高压压气机特性线（一）

通过基于粒子群优化算法辨识的部件特性线修正方法修正后，低压压气机和高压压气机特性线变化如图 2.17（a）和图 2.17（b）所示，此时修正后的压气机特性线（虚线表示）基本与目标船用燃气轮机真实的特性线重合，且修正后计算得到的共同工作线（虚线表示）和目标燃气轮机真实的共同工作线（实线表示）相一致，说明此时热力模型的气路参数计算值与真实气路参数测量值也一致。

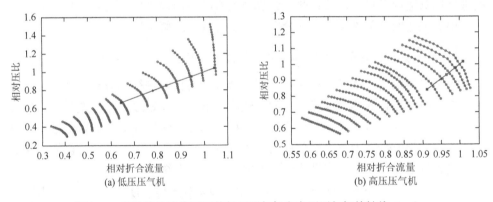

图 2.17　部件特性线修正后的低压压气机和高压压气机特性线（一）

这里选取了 1 工况点（机组 100%额定负荷工况）、0.8 工况点（机组 80%额定负荷工况）、0.7 工况点（机组 70%额定负荷工况）和 0.5 工况点（机组 50%额定负荷工况）的四组气路测量参数来修正燃气轮机热力模型中的各个部件的特性线，此时通过迭代寻优计算得到的低压压气机的最优的辨识参数函数为

$$S_{g,LC} = 0.9523747 - 0.22673(1 - n_{cor,rel}) - 0.165315(1 - n_{cor,rel})^2 \quad (2.46)$$

$$S_{\eta,LC} = 0.9523747 - 0.22673(1 - n_{cor,rel}) - 0.165315(1 - n_{cor,rel})^2 \quad (2.47)$$

同时，高压压气机的最优的辨识参数函数为

$$S_{g,\mathrm{HC}} = 0.9523807 - 0.226754(1 - n_{\mathrm{cor,rel}}) - 0.1704(1 - n_{\mathrm{cor,rel}})^2 \quad (2.48)$$

$$S_{\eta,\mathrm{HC}} = 0.95238077 - 0.226752(1 - n_{\mathrm{cor,rel}}) - 0.170632(1 - n_{\mathrm{cor,rel}})^2 \quad (2.49)$$

高压透平的最优的辨识参数函数为

$$S_{g,\mathrm{HT}} = 0.952381 - 0.226757(1 - n_{\mathrm{cor,rel}}) - 0.172180(1 - n_{\mathrm{cor,rel}})^2 \quad (2.50)$$

$$S_{\eta,\mathrm{HT}} = 0.952381 - 0.226757(1 - n_{\mathrm{cor,rel}}) - 0.172079(1 - n_{\mathrm{cor,rel}})^2 \quad (2.51)$$

低压透平的最优的辨识参数函数为

$$S_{g,\mathrm{LT}} = 0.952380 - 0.226756(1 - n_{\mathrm{cor,rel}}) - 0.168501(1 - n_{\mathrm{cor,rel}})^2 \quad (2.52)$$

$$S_{\eta,\mathrm{LT}} = 0.952380 - 0.226756(1 - n_{\mathrm{cor,rel}}) - 0.168492(1 - n_{\mathrm{cor,rel}})^2 \quad (2.53)$$

动力透平的最优的辨识参数函数为

$$S_{g,\mathrm{PT}} = 0.952382 - 0.226750(1 - n_{\mathrm{cor,rel}}) - 0.176107(1 - n_{\mathrm{cor,rel}})^2 \quad (2.54)$$

$$S_{\eta,\mathrm{PT}} = 0.952382 - 0.226750(1 - n_{\mathrm{cor,rel}}) - 0.176097(1 - n_{\mathrm{cor,rel}})^2 \quad (2.55)$$

以各个工况点的热力模型的气路参数计算值与实测气路参数值的均方根误差 RMS 来校验部件特性线修正前后的计算精度变化，如表 2.9 所示。

$$\mathrm{RMS} = \sqrt{\frac{\sum\limits_{i=1}^{M}[(z_{i,\mathrm{predicted}} - z_{i,\mathrm{actual}}) / z_{i,\mathrm{actual}}]^2}{M}} \times 100\% \quad (2.56)$$

表 2.9　热力模型的气路参数计算值与实测气路参数值的均方根误差

辨识前后	RMS/%				
	1 工况	0.8 工况	0.7 工况	0.5 工况	总体
辨识前	2.836	3.286	3.525	4.003	3.439
辨识后	7.52×10^{-7}	2.17×10^{-6}	1.44×10^{-6}	3.07×10^{-3}	1.54×10^{-3}

由表 2.9 可知，基于所提出的粒子群优化算法辨识的部件特性线修正方法可以简单有效地修正一套同一型号燃气轮机的部件特性线，使之与实际目标燃气轮机的真实部件特性线相匹配，显著提高了热力计算精度，能有效地消除热力模型的不准确性对气路性能诊断结果造成的影响。

2. 对已有的其他型号燃气轮机的部件特性线修正

当用户通过已有的其他类型燃气轮机的部件特性线进行比例缩放后来使用时，热力模型的气路参数计算值与真实气路参数测量值的偏差通常较大。本章中，这种偏差通过对热力模型中两个压气机（即一个低压压气机和一个高压压气机）和三个透平（即一个高压透平、一个低压透平和一个动力透平）部件的效率特性线和流量特性线分别设置某一较大的偏置系数函数来模拟，这里所选取的偏置系数函数统一如下：

$$S = 1.25 + 0.5(1 - n_{cor,rel}) + 0.5(1 - n_{cor,rel})^2 + 0.5(1 - n_{cor,rel})^3$$
$$+ 0.5(1 - n_{cor,rel})^4 + 0.5(1 - n_{cor,rel})^5 + 0.5(1 - n_{cor,rel})^6 \qquad (2.57)$$

设置式（2.57）所示的修正系数函数后，低压压气机和高压压气机特性线变化如图 2.18（a）和图 2.18（b）所示，其中，实线表示目标船用燃气轮机真实的特性线，虚线表示用户通过已有的其他类型燃气轮机的部件特性线进行比例缩放后得到（这里通过对目标船用燃气轮机真实的特性线设置某一较大的偏置系数函数得到）。当用户使用该比例缩放后得到的部件特性线来建立目标燃气轮机热力性能模型时，所计算得到的共同工作线（虚线表示）和目标燃气轮机真实的共同工作线（实线表示）偏差较大，此时热力模型的气路参数计算值必然与实测气路参数值存在较大偏差，可能导致严重的误导性的性能分析和气路诊断结果。

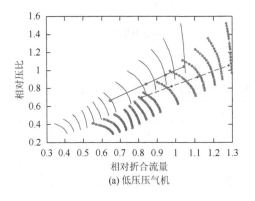
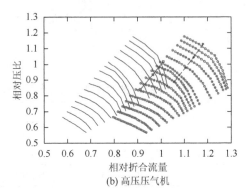

图 2.18　部件特性线修正前的低压压气机和高压压气机特性线（二）

通过所提出的基于粒子群优化算法辨识的部件特性线修正方法修正后，低压压气机和高压压气机特性线变化如图 2.19（a）和图 2.19（b）所示，此时修正后的压气机特性线（虚线表示）与目标船用燃气轮机真实的特性线基本重合，且修正后计算得到的共同工作线（虚线表示）和目标燃气轮机真实的共同工作线（实线表示）基本一致，说明此时热力模型的气路参数计算值与真实气路参数测量值也一致。

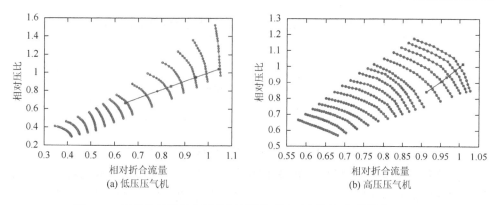

图 2.19　部件特性线修正后的低压压气机和高压压气机特性线（二）

这里仍选取 1 工况点（机组 100%额定负荷工况）、0.8 工况点（机组 80%额定负荷工况）、0.7 工况点（机组 70%额定负荷工况）和 0.5 工况点（机组 50%额定负荷工况）的四组气路测量参数来修正燃气轮机热力模型中的各个部件的特性线，此时通过迭代寻优计算得到的低压压气机的最优的辨识参数函数为

$$S_{g,\mathrm{LC}} = 0.8000079 - 0.320028(1 - n_{\mathrm{cor,rel}}) - 0.201418(1 - n_{\mathrm{cor,rel}})^2 \quad （2.58）$$

$$S_{\eta,\mathrm{LC}} = 0.8000079 - 0.320028(1 - n_{\mathrm{cor,rel}}) - 0.201418(1 - n_{\mathrm{cor,rel}})^2 \quad （2.59）$$

同时，高压压气机的最优的辨识参数函数为

$$S_{g,\mathrm{HC}} = 0.8000002 - 0.320006(1 - n_{\mathrm{cor,rel}}) - 0.19472(1 - n_{\mathrm{cor,rel}})^2 \quad （2.60）$$

$$S_{\eta,\mathrm{HC}} = 0.800000254 - 0.320005(1 - n_{\mathrm{cor,rel}}) - 0.194812(1 - n_{\mathrm{cor,rel}})^2 \quad （2.61）$$

高压透平的最优的辨识参数函数为

$$S_{g,\mathrm{HT}} = 0.800000 - 0.320001(1 - n_{\mathrm{cor,rel}}) - 0.192973(1 - n_{\mathrm{cor,rel}})^2 \quad （2.62）$$

$$S_{\eta,\mathrm{HT}} = 0.800000 - 0.320001(1 - n_{\mathrm{cor,rel}}) - 0.192821(1 - n_{\mathrm{cor,rel}})^2 \quad （2.63）$$

低压透平的最优的辨识参数函数为

$$S_{g,\mathrm{LT}} = 0.800001 - 0.320001(1 - n_{\mathrm{cor,rel}}) - 0.197279(1 - n_{\mathrm{cor,rel}})^2 \quad （2.64）$$

$$S_{\eta,\mathrm{LT}} = 0.800001 - 0.320001(1 - n_{\mathrm{cor,rel}}) - 0.197271(1 - n_{\mathrm{cor,rel}})^2 \quad （2.65）$$

动力透平的最优的辨识参数函数为

$$S_{g,\mathrm{PT}} = 0.799999 - 0.320009(1 - n_{\mathrm{cor,rel}}) - 0.188022(1 - n_{\mathrm{cor,rel}})^2 \quad （2.66）$$

$$S_{\eta,\mathrm{PT}} = 0.799999 - 0.320009(1 - n_{\mathrm{cor,rel}}) - 0.188013(1 - n_{\mathrm{cor,rel}})^2 \quad （2.67）$$

仍以各个工况点的热力模型的气路参数计算值与真实测气路参数值的均方根误差 RMS 来校验部件特性线修正前后的计算精度变化，如表 2.10 所示。

表 2.10　热力模型的气路参数计算值与真实气路参数测量值的均方根误差

辨识前后	RMS/%				
	1 工况	0.8 工况	0.7 工况	0.5 工况	总体
辨识前	13.009	13.620	13.931	14.548	13.788
辨识后	5.10×10^{-7}	7.78×10^{-7}	1.20×10^{-6}	4.95×10^{-3}	2.47×10^{-3}

由表 2.10 可知，基于所提出的粒子群优化算法辨识的部件特性线修正方法仍可以简单有效地修正其他型号燃气轮机的部件特性线，使之与实际目标燃气轮机的真实部件特性线相匹配，显著提高了热力计算精度，能有效地消除热力模型的不准确性对气路性能诊断结果造成的影响。

上述所提出的方法理论可以应用于各种不同类型的燃气轮机，可作为以燃气轮机性能分析和气路诊断为目的的高精度热力建模的一套可供参考的规范化建模方法。

参 考 文 献

[1]　Li J C，Zhang G Y，Ying Y L，et al. Marine three-shaft intercooled-cycle gas turbine engine transient thermodynamic simulation[J]. International Journal of Performability Engineering，2018，14（10）：2289-2301.

[2]　Hu L X，Ying Y L，Li J C. A fuzzy logic controller application for marine power plants[C]. 2nd International Conference on Systems and Informatics（ICSAI），Shanghai，2014：124-131.

[3]　Ying Y L，Cao Y P，Li S Y，et al. Study on flow parameters optimisation for marine gas turbine intercooler system based on simulation experiment[J]. International Journal of Computer Applications in Technology，2013，47（1）：56-67.

[4]　Ying Y L，Cao Y P，Li S Y. Research on fuel supply rate of marine intercooled–cycle engine based on simulation experiment[J]. International Journal of Computer Applications in Technology，2013，48（3）：212-221.

[5]　Ying Y L，Li S Y，Wang Z T，et al. Optimal analysis of flow parameters for marine gas turbine intercooler based on simulation model[C]. 2012 Proceedings of International Conference on Modelling，Identification and Control（ICMIC），Wuhan，2012：1284-1289.

[6]　Ying Y L，Li S Y，Wang Z T，et al. Simulation study on fuel supply rate curve of marine intercooled gas turbine[C]. 2012 Proceedings of International Conference on Modelling，Identification & Control（ICMIC），Wuhan，2012：1278-1283.

[7]　应雨龙，李淑英. 基于 MATLAB/GUI 的间冷循环燃气轮机的仿真评估软件开发设计和使用策略研究[J]. 燃气轮机技术，2013，26（4）：33-40.

[8]　应雨龙，李丽利，王志涛，等. 基于 MATLAB/GUI 的船舶发电系统仿真软件设计的研究[J].燃气轮机技术，2012，25（2）：37-42.

[9]　Ying Y L，Sun B，Peng S H，et al. Study on the regression method of compressor map based on partial least squares regression modeling[C]. ASME Turbo Expo：Turbine Technical Conference and Exposition. American Society of Mechanical Engineers，Dusseldorf，2014：V01AT01A015.

[10]　Li X，Ying Y L，Wang Y Y，et al. A component map adaptation method for compressor modeling and diagnosis[J].

Advances in Mechanical Engineering，2018，10（3）：1-10.

[11]　Lambiris B，Mathioudakis K，Stamatis A，et al. Adaptive modeling of jet engine performance with application to condition monitoring[J]. Journal of Propulsion and Power，1994，10（6）：890-896.

[12]　Simani S，Fantuzzi C，Beghelli S. Diagnosis techniques for sensor faults of industrial processes[J]. IEEE Transactions on Control Systems Technology，2000，8（5）：848-855.

[13]　Kong C，Ki J，Kang M. A new scaling method for component maps of gas turbine using system identification[J]. Journal of Engineering for Gas Turbines and Power（Transactions of the ASME），2003，125（4）：979-985.

[14]　Kong C，Kho S，Ki J. Component map generation of a gas turbine using genetic algorithms[J]. Journal of Engineering for Gas Turbines and Power，2006，128（1）：92-96.

[15]　Li Y G，Pilidis P，Newby M A. An adaptation approach for gas turbine design-point performance simulation[J]. Journal of Engineering for Gas Turbines and Power，2006，128（4）：789-795.

[16]　Roth B A，Doel D L，Cissell J J. Probabilistic matching of turbofan engine performance models to test data[C]. ASME Turbo Expo 2005：Power for Land，Sea，and Air. American Society of Mechanical Engineers，Reno，2005：541-548.

[17]　Gatto E L，Li Y G，Pilidis P. Gas turbine off-design performance adaptation using a genetic algorithm[C]. ASME Turbo Expo 2006：Power for Land，Sea，and Air. American Society of Mechanical Engineers，Barcelona，2006：551-560.

[18]　Li Y G，Marinai L，Pachidis V，et al. Multiple-point adaptive performance simulation tuned to aeroengine test-bed data[J]. Journal of Propulsion and Power，2009，25（3）：635-641.

[19]　应雨龙，李淑英. 一种基于粒子群优化算法的燃气轮机自适应热力计算方法[J]. 燃气轮机技术，2015，28（4）：48-54.

第3章 基于粒子群优化算法的燃气轮机深度气路诊断研究

3.1 改进型非线性气路诊断方法

在燃气轮机运行过程中，可能会发生性能衰退情况，然而当退化程度较小时，由于并不会引起严重的故障，性能衰退现象一般不容易监测。基于热力模型决策的气路诊断方法已经广泛应用于燃气轮机健康状况监测中，并且已经成为支持维修策略改革的关键技术之一。通常的基于热力模型决策的气路诊断方法使用气路部件的性能参数（绝对参数）来定义部件健康参数，因此在诊断中气路实测参数一般需要进行数据预处理来消除由环境条件和操作条件变化而导致燃气轮机运行性能变化的影响，一般将气路实测参数修正至标准大气条件及额定功率条件下。并且由于以部件性能参数为自适应变量，所以诊断时需要分两步：第一步为根据气路实测参数通过线性或非线性牛顿-拉弗森算法计算得到当前部件性能参数，如空气质量流量、压气机压比、压气机等熵效率、透平前温、透平等熵效率等；第二步为在同一部件特性图上比较发生性能衰退或故障情况下的部件运行点与健康基准情况下的部件运行点，从而观测此时部件特性图上的特性线发生偏移的程度（即得到气路部件健康参数），用于评估当前部件的性能健康状况。对于包含多个部件的三轴燃气轮机机组，当机组中参与诊断的部件数目增多时，故障系数矩阵[式（1.5）]的维数会随之增大，加之受到测量噪声的干扰，模糊效应可能会增强，而导致气路诊断的可靠性降低。

针对上述问题，为了有效地识别、隔离性能衰退的部件，并准确地量化衰退程度，本章主要工作内容如下。

（1）用相似折合参数重新定义压气机和透平的气路健康参数，消除由环境条件（大气压力、温度和相对湿度）变化而导致机组运行性能变化对诊断结果的影响，并以部件健康参数直接作为自变量参数，以气路实测参数作为目标参数，在典型非线性气路诊断方法的基础上采用了改进型的非线性气路诊断方法[1]，作为燃气轮机气路诊断方法研究的主体架构。

（2）为了有效地识别、隔离性能衰退的部件，并准确地量化衰退程度，提出了一种基于热力模型与粒子群优化算法相结合的非线性气路诊断方法[2]，从全局优化的角度来改善气路诊断结果的准确性。

3.1.1　基于相似折合参数的气路部件健康参数定义

当气路部件发生性能衰退（老化）时，由于其几何通道结构并未发生显著变化，其部件（如压气机、燃烧室、透平）的特性线通常会保持与原特性线相同的形状。此时，气路部件的性能衰退情况可以用其特性线的偏移来表征，并且这样的偏移可以用部件健康参数（如压气机和透平的流量特性指数及效率特性指数、燃烧室的效率特性指数）来表示。

传统气路部件健康参数采用部件绝对性能参数来定义，即用部件绝对性能参数表示的特性图中特性线的偏移来表征。此时，为了获取仅由部件性能衰退而导致的气路实测参数的变化量，所有测量参数必须通过数据预处理折算到用户选定的环境条件和操作条件下（一般为标准大气条件及额定功率条件），给气路诊断带来了不便。这里，同压气机和透平的部件特性线处理方式一样，气路部件的健康参数可以用部件的相似折合参数（如折合流量 $G\sqrt{TR_g}\,/\,P$ 和折合转速 $n\,/\,\sqrt{TR_g}$ 等）来定义，从而消除由环境条件（大气压力、温度和相对湿度）变化而导致机组运行性能变化对诊断结果带来的影响。

1. 压气机气路健康参数定义

$$\mathrm{SF_{C,FC}} = G_{\mathrm{C,cor,deg}}\,/\,G_{\mathrm{C,cor}} \tag{3.1}$$

$$\Delta\mathrm{SF_{C,FC}} = (G_{\mathrm{C,cor,deg}} - G_{\mathrm{C,cor}})\,/\,G_{\mathrm{C,cor}} \tag{3.2}$$

$$\mathrm{SF_{C,Eff}} = \eta_{\mathrm{C,deg}}\,/\,\eta_{\mathrm{C}} \tag{3.3}$$

$$\Delta\mathrm{SF_{C,Eff}} = (\eta_{\mathrm{C,deg}} - \eta_{\mathrm{C}})\,/\,\eta_{\mathrm{C}} \tag{3.4}$$

式中，$\mathrm{SF_{C,FC}}$ 为压气机流量性能指数；$G_{\mathrm{C,cor,deg}}$ 为压气机（性能衰退时）折合流量；$G_{\mathrm{C,cor}}$ 为压气机（健康时）折合流量；$\mathrm{SF_{C,Eff}}$ 为压气机效率性能指数；$\eta_{\mathrm{C,deg}}$ 为压气机（性能衰退时）等熵效率；η_{C} 为压气机（健康时）等熵效率。

当压气机实际的物理性能退化或故障发生时，压气机的特性会随之发生改变，并可由压气机通用特性图上的特性线的偏移过程来表征，进一步可由式（3.2）和式（3.4）的压气机健康参数的变化过程来表示。

因此，实际压气机的性能特性可表示为

$$G_{\mathrm{C,cor,deg}} = f(n_{\mathrm{C,cor}}, \pi_{\mathrm{C}}, \Delta\mathrm{SF_{C,FC}}) \tag{3.5}$$

$$\eta_{\mathrm{C,deg}} = f(n_{\mathrm{C,cor}}, \pi_{\mathrm{C}}, \Delta\mathrm{SF_{C,Eff}}) \tag{3.6}$$

2. 燃烧室气路健康参数定义

燃烧室性能衰退可用燃烧效率的变化来表示。

$$SF_{B,Eff} = \eta_{B,deg} / \eta_B \tag{3.7}$$

$$\Delta SF_{B,Eff} = (\eta_{B,deg} - \eta_B) / \eta_B \tag{3.8}$$

式中，$SF_{B,Eff}$ 为燃烧室燃烧效率性能指数；$\eta_{B,deg}$ 为燃烧室（性能衰退时）燃烧效率；η_B 为燃烧室（健康时）燃烧效率。

因此实际的燃烧室性能特性可表示为

$$\eta_{B,deg} = f(l_{oad}, \Delta SF_{B,Eff}) \tag{3.9}$$

式中，l_{oad} 为燃气轮机的功率。

3. 透平气路健康参数定义

$$SF_{T,FC} = G_{T,cor,deg} / G_{T,cor} \tag{3.10}$$

$$\Delta SF_{T,FC} = (G_{T,cor,deg} - G_{T,cor}) / G_{T,cor} \tag{3.11}$$

$$SF_{T,Eff} = \eta_{T,deg} / \eta_T \tag{3.12}$$

$$\Delta SF_{T,Eff} = (\eta_{T,deg} - \eta_T) / \eta_T \tag{3.13}$$

式中，$SF_{T,FC}$ 为透平流量性能指数；$G_{T,cor,deg}$ 为透平（性能衰退时）折合流量；$G_{T,cor}$ 为透平（健康时）折合流量；$SF_{T,Eff}$ 为透平效率性能指数；$\eta_{T,deg}$ 为透平（性能衰退时）等熵效率；η_T 为透平（健康时）等熵效率。

同压气机一样，实际透平的性能特性可表示为

$$G_{T,cor,deg} = f(n_{T,cor}, \pi_T, \Delta SF_{T,FC}) \tag{3.14}$$

$$\eta_{T,deg} = f(n_{T,cor}, \pi_T, \Delta SF_{T,Eff}) \tag{3.15}$$

3.1.2　基于牛顿-拉弗森算法的非线性气路诊断方法

对于一个已知的残差方程组 $E = f(X)$，当自变量 $X \in \mathbf{R}^n$ 变化一个微小量 ΔX 时，相应的残差向量会随之变化一个微小量 ΔE。假如 ΔX 足够小，则 ΔE 与 ΔX 的关系式可以足够精确地表示为

$$\Delta E = J(E, X) \cdot \Delta X \tag{3.16}$$

$$E_2 - E_1 = J(E, X) \cdot (X_2 - X_1) \tag{3.17}$$

式中，$J(E, X)$ 是雅可比矩阵，如下：

$$J(E, X) = \begin{pmatrix} \dfrac{\partial E_1}{\partial x_1}, \dfrac{\partial E_1}{\partial x_2}, \cdots, \dfrac{\partial E_1}{\partial x_n} \\ \dfrac{\partial E_2}{\partial x_1}, \dfrac{\partial E_2}{\partial x_2}, \cdots, \dfrac{\partial E_2}{\partial x_n} \\ \vdots \qquad \vdots \qquad \vdots \\ \dfrac{\partial E_m}{\partial x_1}, \dfrac{\partial E_m}{\partial x_2}, \cdots, \dfrac{\partial E_m}{\partial x_n} \end{pmatrix} \qquad (3.18)$$

当选择一个初值向量 X_1，残差方程组会产生一个残差向量 E_1。我们希望当得到下一个迭代点 X_2 时，相应的残差向量 E_2 趋近于 0，即

$$X_2 = X_1 - J^{-1}(E, X)_{X=X_1} \cdot E_1 \qquad (3.19)$$

将式（3.19）一般化，非线性牛顿-拉弗森算法可以表示为

$$X_{k+1} = X_k - J^{-1}(E, X)_{X=X_k} \cdot E_k \qquad (3.20)$$

直到残差准则 $\|E_{k+1}\| < \varepsilon$（$\varepsilon$ 为一个特定的迭代收敛精度阈值），可以得到最终解 X_{k+1}。

为了确保得到唯一解 X_{k+1}，需要 $n = m$。然而在实际应用中，n 可能与 m 不相等。当 $n > m$ 时，式（3.20）是欠定的，会存在无穷多个具有最小二乘意义的解，此时需要定义一个"伪"逆：

$$J^{\#}(E, X) = J^{\mathrm{T}}(E, X) \cdot (J(E, X) \cdot J^{\mathrm{T}}(E, X))^{-1} \qquad (3.21)$$

这时所得的解 $X_{k+1} = X_k - J^{\#}(E, X)_{X=X_k} \cdot E_k$ 是具有最小二乘意义的最优解。

当 $n < m$ 时，式（3.20）是超定的，即存在过多约束方程，此时需要定义另一"伪"逆：

$$J^{\#}(E, X) = (J^{\mathrm{T}}(E, X) \cdot J(E, X))^{-1} \cdot J^{\mathrm{T}}(E, X) \qquad (3.22)$$

这时所得的解 $X_{k+1} = X_k - J^{\#}(E, X)_{X=X_k} \cdot E_k$ 也是具有最小二乘意义的最优解。

3.1.3　改进型非线性气路诊断过程

通常燃气轮机的总体性能健康状况可以用气路部件健康参数（如压气机和透平的流量特性指数和效率特性指数、燃烧室的效率特性指数）来表示，并且在本质上代表了性能衰退或故障导致的部件特性线的偏移。然而这些重要的健康状况信息无法通过直接测量得到，因此不容易监测。在燃气轮机运行过程中，气路测量参数的变化通常指示部件性能参数的变化发生，且发生这种变化可能是由环境

条件的改变和（或）操作条件和（或）部件性能衰退或故障所引起的。因此，气路测量参数与部件性能参数的热力学关系可以由式（1.1）表示。

通过采用部件的相似折合参数（如折合流量 $G\sqrt{TR_g}\,/\,P$ 和折合转速 $n\,/\sqrt{TR_g}$ 等）来定义气路部件的健康参数，当机组环境条件（大气温度、压力和相对湿度）和操作条件变化时，仍可用同一部件通用特性线的偏移程度来表征实际气路部件健康参数变化量，此时可将部件健康参数 ΔSF 直接作为自变量参数，进一步推导出部件健康参数与气路测量参数的热力学关系式：

$$z = f(\mathrm{map}, \Delta\mathrm{SF}, \boldsymbol{u}) + \boldsymbol{v} \tag{3.23}$$

式中，map 为健康时的燃气轮机部件通用特性线向量；SF 为部件健康参数向量，$\mathrm{SF} \in \mathbf{R}^N$。

故此，在典型非线性气路诊断方法的基础上我们提出了改进型非线性气路诊断方法，作为燃气轮机气路诊断方法研究的主体架构，如图 3.1 所示。

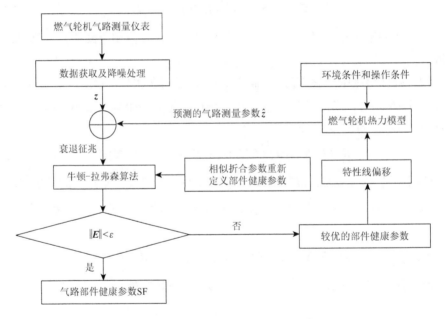

图 3.1　改进型非线性气路诊断方法

图中，$\boldsymbol{E} = z - \hat{z}$。由于燃气轮机热力性能的强非线性特性，一个迭代计算过程（牛顿-拉弗森算法，如 3.1.2 节所述）用于计算气路部件健康参数 ΔSF。随着迭代的进行，当热力模型的气路参数计算值非常接近气路参数实测值时（即满足 $\|\boldsymbol{E}\| < \varepsilon$，$\varepsilon$ 是设定的一个相对较小的阈值），可得到最终的气路部件健康参数 ΔSF，迭代过程如图 3.2 所示。

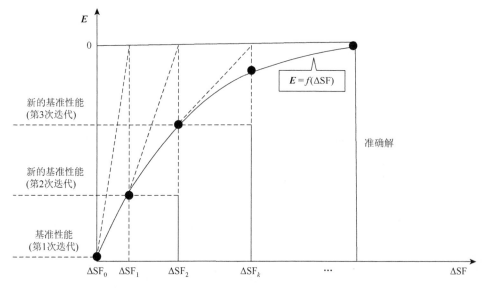

图 3.2　改进型非线性气路诊断方法的迭代计算过程

理论上，基于此改进型非线性气路诊断方法可以有效地识别、隔离发生性能衰退的部件，并准确地量化性能衰退程度。

3.2　基于热力模型与粒子群优化算法的非线性气路诊断方法

3.2.1　粒子群优化算法

粒子群优化算法是由 Kennedy 和 Eberhart 提出的一种起源于鸟群集体行为的生物学启发算法，自从 1995 年第一次发表以来，相关的论文发表数量便以指数增长。粒子群优化算法由一群粒子组成，并且每一个粒子代表一个候选的解向量，每一个粒子中的每一个元素都表示一个待优化的参数。粒子在解空间中以特定的速度搜索最优解。每一个粒子都有记忆，能帮助其跟踪先前最优位置。每一个粒子的位置用个体极值 p_{Best} 和群体极值 g_{Best} 来区分。在解空间的搜索过程中，每一个粒子的速度根据其先前行为和相邻粒子行为来调整。每一个粒子的每一次移动主要受记忆、当前位置和群体经验的影响，随着搜索过程的进行，粒子群体逐步向着更优的搜索区域移动。粒子群优化算法迭代寻优过程的流程如图 3.3 所示。

在搜索过程中，每一个粒子的位置和速度通过跟踪两个极值（即个体极值 p_{Best} 和群体极值 g_{Best}）根据以下两式来更新：

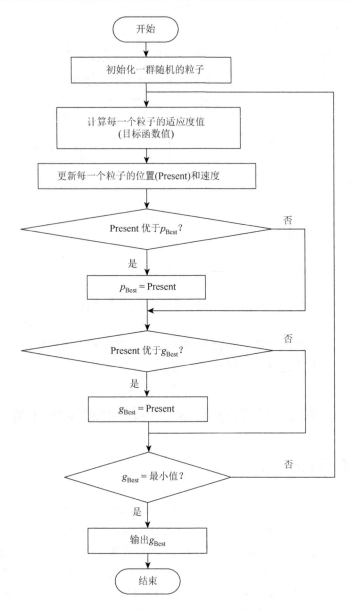

图 3.3　粒子群优化算法迭代寻优过程的流程图

$$V_i^{k+1} = WV_i^k + c_1 r_1 (p_{\text{Best}i}^k - \text{Present}_i^k) + c_2 r_2 (g_{\text{Best}}^k - \text{Present}_i^k) \qquad (3.24)$$

$$\text{Present}_i^{k+1} = \text{Present}_i^k + V_i^{k+1} \qquad (3.25)$$

式中，c_1 和 c_2 为加速度常数，通常 $c_1 = c_2 = 1.2$；r_1 和 r_2 为 $0\sim 1$ 的随机数；W 为

$0.1\sim0.9$ 的惯性权值；V_i^{k+1} 为第 i 个粒子在第 $k+1$ 代的速度；$\mathrm{Present}_i^k$ 为第 i 个粒子在第 k 代的位置；$p_{\mathrm{Best}\,i}^k$ 为第 i 个粒子在第 k 代的最优位置；g_{Best}^k 为粒子群体在第 k 代的最优位置。

经过不断地迭代更新位置，粒子群体在解空间中逐渐向最优解的位置移动，并最终得到全局最优解 g_{Best}。

与遗传算法相比，粒子群优化算法没有交叉和变异操作，所以其算法结构更简单，计算速度更快。然而，典型的粒子群优化算法在搜索终端容易出现在全局最优解附近往复振荡的现象。为了解决这一问题，在搜索过程中，可以将惯性权值 W 从最大值 $W_{\max}$ 随迭代代数线性地降低至最小值 $W_{\min}$，如式（3.26）所示，因为相对较大的惯性权值有利于全局寻优，而相对较小的惯性权值有利于局部寻优。

$$W = W_{\max} - \mathrm{iter} \times \frac{W_{\max} - W_{\min}}{\mathrm{iter}_{\max}} \tag{3.26}$$

式中，iter 为当前迭代代数；$\mathrm{iter}_{\max}$ 为总的迭代代数。

3.2.2　基于粒子群优化算法的深度气路诊断过程

对于包含多个部件的复杂燃气轮机机组，当机组中参与诊断的部件数目增多时，故障系数矩阵［式（1.5）］的维数会随之增大，加之受到测量噪声的干扰，模糊效应可能会增强，而导致气路诊断的可靠性降低。为了有效地识别、隔离性能衰退的部件，并准确地量化衰退程度，在 3.1 节所述的改进型非线性气路诊断方法基础上本节提出了一种基于热力模型与粒子群优化算法相结合的非线性气路诊断方法（particle swarm optimization-gas path analysis，PSO-GPA），从全局优化的角度来改善诊断结果的准确性，该方法的诊断过程如图 3.4 所示。

其具体的诊断步骤如下：

（1）基于目标燃气轮机新投运（或健康）时的气路实测参数建立能完全反映各个部件特性的燃气轮机全非线性热力模型（如第 2 章所述）；

（2）用相似折合参数重新定义压气机和透平的气路健康参数，消除由环境条件（大气压力、温度和相对湿度）变化而给诊断结果带来的影响（如 3.1.1 节所述）；

（3）采集当前目标燃气轮机稳定运行时的某一时段的气路测量参数，进行降噪处理后作为待诊断的气路测量参数；

（4）设置已建立的燃气轮机热力模型的环境输入条件（大气压力、温度和相对湿度）和操作输入条件与采样时的目标燃气轮机运行工况一致，消除由环境条件和操作条件变化而给诊断结果带来的影响；

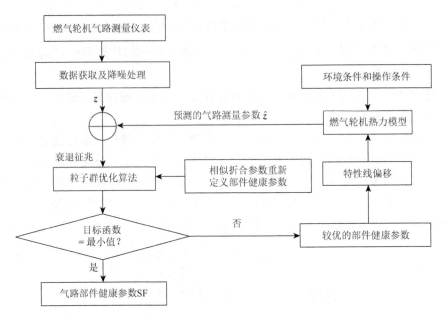

图 3.4　基于热力模型与粒子群优化算法相结合的非线性气路诊断过程

（5）以待诊断的气路测量数据与热力模型计算的气路实测参数之间的均方根误差为目标函数，通过粒子群优化算法迭代寻优计算得到当前的各个部件（压气机、透平和燃烧室）的气路健康参数，用以评估对象燃气轮机实际的性能健康状况。

这里，$\hat{z}$ 与 z 如下式：

$$\hat{z} = [z_{1,\text{predicted}}, \cdots, z_{i,\text{predicted}}, \cdots, z_{M,\text{predicted}}] \tag{3.27}$$

$$z = [z_{1,\text{actual}}, \cdots, z_{i,\text{actual}}, \cdots, z_{M,\text{actual}}] \tag{3.28}$$

式中，$\hat{z}$ 为燃气轮机热力模型计算的气路参数向量；z 为气路实测参数向量；M 为气路测量参数数目。

$$\Delta \text{SF} = [\Delta \text{SF}_{\text{LC,FC}}, \Delta \text{SF}_{\text{LC,Eff}}, \Delta \text{SF}_{\text{HC,FC}}, \Delta \text{SF}_{\text{HC,Eff}}, \Delta \text{SF}_{\text{B,Eff}}, \Delta \text{SF}_{\text{C,Eff}},$$
$$\Delta \text{SF}_{\text{HT,FC}}, \Delta \text{SF}_{\text{HT,Eff}}, \Delta \text{SF}_{\text{LT,FC}}, \Delta \text{SF}_{\text{LT,Eff}}, \Delta \text{SF}_{\text{PT,FC}}, \Delta \text{SF}_{\text{PT,Eff}}] \tag{3.29}$$

式中，ΔSF 为气路部件健康参数，作为粒子群优化算法中的一个粒子。

这里以一个均方根误差为目标函数，如下：

$$F_{\text{itness}} = \sqrt{\frac{\sum_{i=1}^{M}[(z_{i,\text{predicted}} - z_{i,\text{actual}})/z_{i,\text{actual}}]^2}{M}} \tag{3.30}$$

式中，F_{itness} 为优化目标，随着迭代寻优，当 F_{itness} 逐渐趋近于 0 时，计算的气路测量参数 $\hat{z}$ 与实测的气路参数 z 相匹配，此时输出最终的全局最优解 ΔSF。

3.3　基于粒子群优化算法的深度气路诊断案例分析

本节以某型三轴燃气轮机为研究对象，该型三轴燃气轮机详细介绍如 2.4.1 节所述。

在实际燃气轮机运行过程中，单部件性能退化（老化）是最常见的，这里假设压气机（LC、HC）、燃烧室（B）和透平（HT、LT 和 PT）都有可能发生性能衰退或故障，并且单部件、双部件或三部件可能同时发生性能衰退或故障情况。燃气轮机的性能衰退通过改变气路部件健康参数 ΔSF 来模拟。根据 Diakunchak 的实验结果[3]，这里选用 10 个诊断案例，如表 3.1 所示，用于校验本章所提方法的有效性。

表 3.1　输入的部件性能衰退样本

部件	标识符	参数	输入的性能衰退程度/%									
			案例 1	案例 2	案例 3	案例 4	案例 5	案例 6	案例 7	案例 8	案例 9	案例 10
LC	1	$\Delta SF_{LC,Eff}$	−2	0	0	0	0	−2	0	0	0	−2
	2	$\Delta SF_{LC,FC}$	−2	0	0	0	0	−2	0	0	0	−2
HC	3	$\Delta SF_{HC,Eff}$	0	−2	0	0	0	0	−2	−2	−2	0
	4	$\Delta SF_{HC,FC}$	0	−2	0	0	0	0	−2	−2		
B	5	$\Delta SF_{B,Eff}$	0	0	−2	0	0	0	0	0	−2	−2
HT	6	$\Delta SF_{HT,Eff}$	0	0	0	−2	0	−2	0	−2	−2	0
	7	$\Delta SF_{HT,FC}$	0	0	0	2	0	2	0	2	2	0
LT	8	$\Delta SF_{LT,Eff}$	0	0	0	0	0	0	−2	0	0	0
	9	$\Delta SF_{LT,FC}$	0	0	0	0	0	0	2	0	0	0
PT	10	$\Delta SF_{PT,Eff}$	0	0	0	0	−2	0	0	−2	0	−2
	11	$\Delta SF_{PT,FC}$	0	0	0	0	2	0	0	2	0	2

表中，案例 1～案例 5 是单部件性能衰退情况，案例 6～案例 10 是多部件同时性能衰退情况。前 5 个案例用于测试本章所提方法用于识别、隔离和量化单部件性能衰退的能力，而案例 6～案例 10 用于测试本章方法同时识别、隔离和量化多个部件性能衰退的能力。一旦获取模拟的性能衰退的气路实测参数（表 2.8），便假设压气机、透平和燃烧室的实际性能衰退情况是未知的。

　　这里假设所有的气路传感器是健康的，即不存在测量偏差。当气路测量参数发生偏差时，可能暗示发生部件性能衰退或故障。

　　通过将表 3.1 所示的不同诊断案例分别输入燃气轮机热力模型中，可以得到相对于健康基准状况时的气路测量参数的相对偏差，用于气路测量参数对部件健康参数的敏感度分析，如表 3.2 所示。

表 3.2　气路测量参数对部件健康参数的敏感度分析
（$T_0 = 15℃$，$P_0 = 1.013bar$，$\phi = 60\%$，$N_e = 24265kW$）

参数	敏感度/%									
	案例 1	案例 2	案例 3	案例 4	案例 5	案例 6	案例 7	案例 8	案例 9	案例 10
P_1	0.047	0.047	0.001	−0.098	−0.101	−0.062	−0.088	−0.165	−0.063	−0.051
T_1	0	0	0	0	0	0	0	0	0	0
P_2	−1.535	0.952	0.014	6.196	3.645	4.909	−1.219	11.432	7.579	2.067
T_2	0.628	0.629	0.009	4.298	2.581	5.236	−0.794	7.779	5.192	3.256
P_3	−0.875	−0.877	0.002	2.436	2.774	2.015	4.357	4.723	2.020	1.878
T_3	0.701	0.703	0.001	1.124	1.273	2.082	3.124	3.252	2.029	2.000
P_5	−0.774	−0.776	0.011	4.702	2.406	4.367	2.401	6.750	4.378	1.629
T_5	1.048	1.051	−0.049	5.470	0.172	6.885	4.727	6.847	6.750	1.193
P_6	−0.691	−0.693	0.013	4.279	0.416	3.991	4.191	4.314	4.005	−0.261
T_6	1.147	1.151	−0.033	5.664	−0.371	7.195	6.044	6.581	7.072	0.764
P_7	−0.112	−0.112	0.003	0.869	0.401	0.832	0.857	1.241	0.834	0.288
T_7	1.209	1.254	−0.004	10.130	0.699	12.122	10.647	12.382	11.994	1.947
n_1	0.379	−0.696	−0.009	1.645	1.611	2.248	1.292	2.755	1.160	1.994
n_2	0.574	−0.217	−0.019	−1.248	0.085	−0.641	4.617	−1.154	−1.336	0.649
n_3	0	0	0	0	0	0	0	0	0	0
G_f	0.114	0.114	2.091	9.257	2.159	10.138	9.486	12.204	12.376	4.441

注：1bar = 0.1MPa。

　　由表 3.2 可知，不同的燃气轮机部件性能衰退情况会导致不同的气路测量参数偏差情况，并且在相同的环境条件和操作条件下，几乎所有的性能衰退案例都导致了燃料消耗量的增加，即机组总体热效率的下降。为了校验本章所提方法的有效性，这 10 组气路测量参数分别输入 3.1.3 节和 3.2.2 节所述的诊断过程，并且假设压气机、透平和燃烧室的实际性能衰退或故障情况未知。

　　在本章诊断案例分析中，输入不同的部件性能衰退案例模拟的燃气轮机性能被视为"实际"的燃气轮机性能，而基于气路测量参数通过本章所提方法诊断的燃气轮机性能则视为"预测"的性能。

测量噪声在实际的气路测量中是不可避免的，并会对诊断结果造成影响，因此在模拟的气路测量参数中引入了测量噪声来使诊断分析更切合实际。不同测量参数的最大测量噪声基于 Dyson 等[4]所提供的参数信息，如表 3.3 所示。

表 3.3　最大的测量噪声

参数	范围	最大测量噪声
P	20.688～310.32kPa	±0.5%
	55.168～3.1722×10³kPa	±0.5% 或 0.862kPa 取大
T	−65～290℃	±33℃
	290～1000℃	$\pm\sqrt{2.5^2+(0.0075t)^2}$
	1000～1300℃	$\pm\sqrt{3.5^2+(0.0075t)^2}$
G_f	达 1.5139kg/s	0.0176kg/s
	达 3.4056kg/s	0.0396kg/s

为减小测量噪声的副作用，在气路测量参数样本输入诊断系统前，需要进行降噪处理。由于测量噪声一般符合高斯分布，这里将连续获取的多个气路测量值，用一个 30 点滚动平均方法来得到一个平均的测量值，如下：

$$\bar{z}=\frac{1}{Q}\sum_{i=1}^{Q}z_i \tag{3.31}$$

式中，z_i 为每一个气路测量参数的第 i 个采样点的样本值；Q 为每一个气路测量参数的采样点数量（这里，$Q=30$ 用于 30 点滚动平均）。

粒子群优化算法相关参数的选取如表 3.4 所示，这里进化代数为 80，种群规模为 60，用于搜索最优的部件健康参数 ΔSF。

表 3.4　粒子群优化算法相关参数的选取

参数	取值
种群规模	60
进化代数	80

1. 案例 1～案例 5 的诊断结果

将案例 1～案例 5 模拟的"实际"的燃气轮机性能气路测量参数（表 2.8）引入测量噪声后分别输入 3.1.3 节和 3.2.2 节所述的诊断方法中，得到的诊断结果如图 3.5～图 3.9 所示。图 3.5～图 3.9 中横坐标为表 3.1 所示的各个部件健康参数的标识符，纵坐标为各个部件健康参数的气路诊断量化结果。

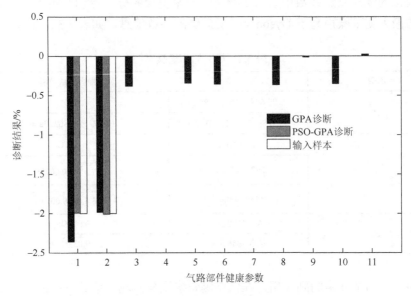

图 3.5　案例 1 的诊断结果

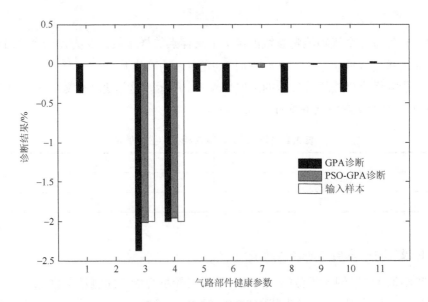

图 3.6　案例 2 的诊断结果

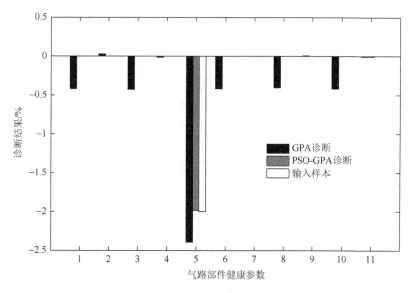

图 3.7　案例 3 的诊断结果

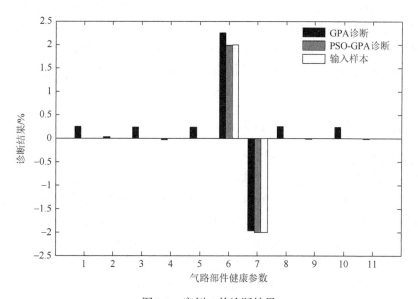

图 3.8　案例 4 的诊断结果

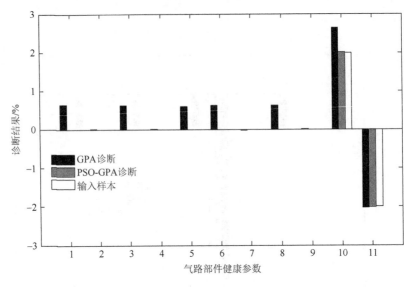

图 3.9 案例 5 的诊断结果

从图 3.5～图 3.9 可知，当单部件发生性能衰退或故障时，由于该型三轴燃气轮机气路部件数目较大（即气路部件健康参数较多），且存在气路测量噪声副作用，应用 3.1.3 节所述的改进型非线性气路诊断方法（GPA）时，由于其核心算法（牛顿–拉弗森算法）本质上是一种局部迭代寻优方法，其诊断结果出现了一定程度的模糊效应。然而，通过基于热力模型与粒子群优化算法相结合的非线性气路诊断方法，由于其核心算法本质上是一种全局迭代寻优方法，可以更加准确地识别、隔离实际性能衰退的部件，并准确地预测出性能衰退的程度。

2. 案例 6～案例 10 的诊断结果

将案例 6～案例 10 模拟的"实际"的燃气轮机性能气路测量参数（表 2.8）引入测量噪声后分别输入 3.1.3 节和 3.2.2 节所述的诊断方法中，所得到的诊断结果如图 3.10～图 3.14 所示。图 3.10～图 3.14 中横坐标为表 3.1 所示的各个部件健康参数的标识符，纵坐标为各个部件健康参数的气路诊断量化结果。

由于双部件和三部件同时性能衰退或故障的组合模式较多，这里只选取 2 个案例用于测试双部件同时发生性能衰退的诊断情况，选取 3 个案例用于测试三个部件同时发生性能衰退的诊断情况。由图 3.10～图 3.14 可知，通过基于热力模型与粒子群优化算法相结合的非线性气路诊断方法诊断，仍可以成功地识别、隔离实际性能衰退的部件，且预测的性能衰退程度几乎与性能衰退案例样本一致，然而应用 3.1.3 节所述的改进型非线性气路诊断方法（GPA）时，则出现了一定程度的模糊效应。其中，基于热力模型与粒子群优化算法相结合的非线性气路诊断方法在案例 10 中的迭代搜索计算过程如图 3.15 所示。

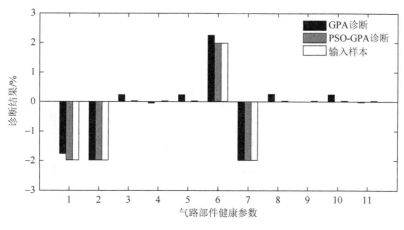

图 3.10　案例 6 的诊断结果

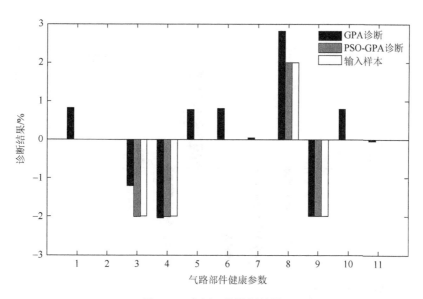

图 3.11　案例 7 的诊断结果

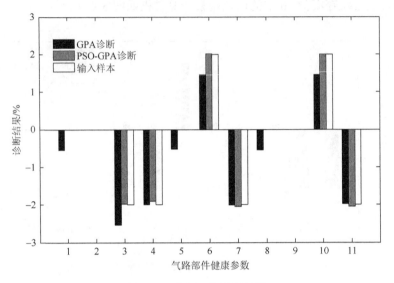

图 3.12　案例 8 的诊断结果

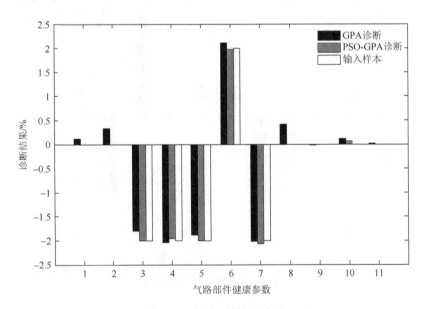

图 3.13　案例 9 的诊断结果

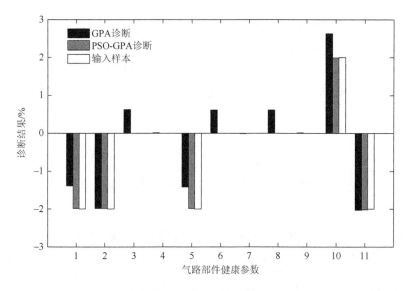

图 3.14　案例 10 的诊断结果

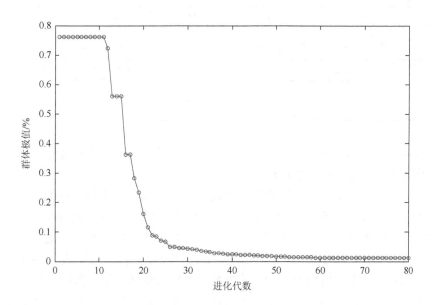

图 3.15　基于热力模型与粒子群优化算法相结合的非线性气路诊断方法在
案例 10 中的迭代搜索计算过程

　　由图 3.15 可知，群体极值（即当前粒子群体的目标函数最优值）随着全局迭代寻优计算逐渐减小，当进化代数达到 50 后，基本趋近于稳定值 0.013%。此时得到最终的全局最优解 g_{Best}，即诊断出当前各个部件（压气机、透平和燃烧室）

的气路健康参数，用以评估目标燃气轮机实际的性能健康状况。为进一步校验诊断结果的准确性，这里引入各个案例中诊断出的气路部件健康参数与输入样本之间误差绝对值的和 D，以及所有案例中诊断出的气路部件健康参数与输入样本之间误差绝对值的和 D_{total}，来比较这两种方法的诊断有效性，如表 3.5 所示。

$$D = \sum_{i=1}^{11} \left| \text{SF}_{i,\text{predicted}} - \text{SF}_{i,\text{actual}} \right| \quad (3.32)$$

$$D_{\text{total}} = \sum_{j=1}^{10} \sum_{i=1}^{11} \left| \text{SF}_{j,i,\text{predicted}} - \text{SF}_{j,i,\text{actual}} \right| \quad (3.33)$$

表 3.5　各个案例中诊断出的气路部件健康参数与输入样本之间误差绝对值的和

误差绝对值的和	案例 1		案例 2		案例 3		案例 4		案例 5	
	GPA	PSO-GPA	GPA	PSO-GPA	GPA	PSO-GPA	GPA	PSO-GPA	GPA	PSO-GPA
D	2.228	0.012	2.226	0.128	2.564	0.021	1.595	0.029	3.833	0.026
误差绝对值的和	案例 6		案例 7		案例 8		案例 9		案例 10	
	GPA	PSO-GPA	GPA	PSO-GPA	GPA	PSO-GPA	GPA	PSO-GPA	GPA	PSO-GPA
D	1.569	0.013	4.932	0.015	3.297	0.224	1.499	0.208	3.727	0.077
D_{total}	GPA					PSO-GPA				
	27.4683					0.7527				

由表 3.5 可知，基于热力模型与粒子群优化算法相结合的非线性气路诊断方法在准确地量化部件性能衰退程度方面要远优于改进型非线性气路诊断方法，适用于对于包含多个部件的燃气轮机机组及存在测量噪声干扰的诊断情况。此外，对诊断计算耗时进行了对比，使用笔记本电脑（4.0GHz 的双核处理器）应用基于热力模型与粒子群优化算法相结合的非线性气路诊断方法诊断一个案例的计算时间大约为 39.08s，耗时远大于改进型非线性气路诊断方法（只需约 0.28s）。

综上所述，本章用相似折合参数重新定义压气机和透平的气路健康指数，消除由环境条件（大气压力、温度和相对湿度）变化而导致机组运行性能变化对诊断结果的影响，并以部件健康参数直接作为自变量参数，以气路实测参数作为目标参数，在典型非线性气路诊断方法的基础上提出了改进型非线性气路诊断方法，作为燃气轮机气路诊断方法研究的主体架构。由于三轴燃气轮机机组中参与诊断的部件数目较多，故障系数矩阵的维数随之增大，加之受到测量噪声的干扰，模糊效应可能会增强，导致气路诊断的可靠性降低。为了有效地识别、隔离性能衰退的部件，并准确地量化衰退程度，本章提出了一种基于热力模型与粒子群优化算法相结合的非线性气路诊断方法，从全局优化的角度来改善诊断结果的准确性。这两种诊断方法的有效性通过某型三轴燃气轮机的诊断案例来校验，得出了以下结论。

（1）改进型非线性气路诊断方法能有效地解决传统气路诊断方法诊断精度易受环境条件及操作条件变化影响的问题。

（2）改进型非线性气路诊断方法的核心算法（牛顿-拉弗森算法）本质上是一种局部迭代寻优方法，而基于热力模型与粒子群优化算法相结合的非线性气路诊断方法的核心算法本质上是一种全局迭代寻优方法，通过诊断案例表明后者比前者能更有效地消除模糊效应，准确地识别、隔离性能衰退的部件。

（3）本章所提出的两种气路诊断方法都适用于单部件和多部件性能衰退或故障的诊断情况，而基于热力模型与粒子群优化算法相结合的非线性气路诊断方法诊断出的部件性能衰退程度几乎和输入样本一致，表明能更有效地适用于存在测量噪声和复杂燃气轮机机组离线的深度性能诊断情况，而改进型非线性气路诊断方法适用于在线的初步性能健康监测。

参 考 文 献

[1]　Li J C，Ying Y L.Gas turbine gas path fault diagnosis based on adaptive nonlinear steady-state thermodynamic model[J]. International Journal of Performability Engineering，2018，4（14）：751-764.

[2]　Ying Y L，Cao Y P，Li S Y，et al. Nonlinear steady-state model based gas turbine health status estimation approach with improved particle swarm optimization algorithm[J]. Mathematical Problems in Engineering，2015，（3）：1-12.

[3]　Diakunchak I S. Performance deterioration in industrial gas turbines[J]. Journal of Engineering for Gas Turbines and Power，1992，114（2）：161-168.

[4]　Dyson R J E，Doel D L. CF-80 condition monitoring—The engine manufacturing's involvement in data acquisition and analysis[C]. Proceedings of the 20th Joint Propulsion Conference，Cincinnati，1987：AIAA84-1412.

第4章　基于热力模型与灰色关联理论的燃气轮机实时气路诊断研究

气路诊断方法已经被广泛地应用于燃气轮机健康管理，并成为推动视情维修的关键技术之一。理论上，气路诊断方法（特别是非线性气路诊断方法）能够容易地量化气路部件的性能衰退程度。然而，对于包含多个部件的燃气轮机机组，如某型三轴燃气轮机，当机组中参与诊断的部件数目增多时，故障系数矩阵的维数会显著增加，加之受到测量噪声的干扰，可能会导致较强的模糊效应（即预测的部件性能衰退情况几乎存在于所有的部件中，尽管其中一些部件并非真正发生性能衰退），由此导致气路诊断的可靠性降低。

为了增强气路诊断的准确性，3.2 节已经介绍了从全局优化的角度来改善诊断结果的准确性，本章借鉴模式识别技术的优点，从故障系数矩阵降维的角度来改善诊断结果的准确性，并兼顾诊断实时性，提出了一种基于热力模型与灰色关联理论相结合的混合型非线性气路诊断方法[1]（gray relation algorithm-gas path analysis，GRA-GPA）。该方法包括两步：第一步，通过自适应灰色关联算法（gray relation algorithm，GRA）识别、隔离发生性能衰退的部件，从而实现故障系数矩阵的降维（即确定了待诊断的实际气路部件健康参数的子集）；第二步，通过改进型非线性气路诊断方法量化被隔离部件的性能衰退程度，用以评估目标燃气轮机实际的性能健康状况。

4.1　基于灰色关联理论的气路故障模式识别

灰色关联理论的研究是灰色系统理论研究的基础，是一种新的系统分析算法。灰色关联算法是一种对系统的变化及发展的态势进行定量描述与比较的方法。主要根据空间数学基础理论，按照灰色关联理论的四个公理原则，即规范性、整体性、接近性和偶对称性，计算参考序列与各个比较序列的关联度。寻找出影响目标发展特征的关键因素以及系统中的各个因素之间的关系，促进系统迅速且有效地发展是灰色关联理论研究的重要目的。灰色关联分析的基础是计算参考点和比较点间的距离，从距离的计算中找出各个因素间的接近性，或是基于各个行为序列因子的微观与宏观的几何接近，通过分析各个因子和确定因子之间的影响程度以及该因子对行为序列的贡献测度，从而进行分析的一种方法。其主要的目的是，对行为序列的态势发展以及变化进行分析，即对系统的动态和发展过程的量化进行分析。

总之，灰色关联理论，从思想及方法上来看，属于几何问题处理的范围，但从其实质上看，是对关联系数的分析，即对能够反映各个因素的变化特征的数据序列进行几何比较的一个过程，首先，求取待识别的序列特征和数据库中已经存储的理想序列特征的关联系数，关联度的计算需要对关联系数进行加权平均，最后根据关联度的大小，判断待识别信号序列所属的类别。这种对关联度的模糊计算的方法，相对于传统的精确数学的计算方法具有更大的优势，它通过模型化、概念化所要表达的观点、要求，使得所研究的灰色对象在结构和关系上由"黑"变成"白"，使这种不明确的因素转化成明确的数值。灰色关联算法突破了传统的精确数学中不容许模棱两可的因素存在的约束，具有计算简便，原理简单，排序明确，对数据分布的类型、顺序以及各个变量之间的相关类型没有特殊要求等特点，因此，具有非常大的实际应用价值。

4.1.1　普通灰色关联理论

有时候，人们可以用颜色的深浅来表示信息的确定程度。通常用"黑"表示对信息的未知，用"白"表示对信息完全明确。因此，用"灰"表示对部分信息的明确和对部分信息的未知。于是，人们把这种对信息的不确定的系统称为"灰色系统"。灰色关联理论的研究是灰色系统的基础，它主要基于空间数学的基础理论来计算参考特征向量与每个待识别的特征向量的关联系数和关联度。灰色关联理论具有应用于燃气轮机气路诊断的潜力，因为它具有以下特点：

（1）具有良好的抗测量噪声能力；

（2）能够帮助用于识别分类目的的特征参数的选择；

（3）建立衰退模式与衰退征兆的关系规则库所需的样本数目较少；

（4）算法简单易编程，无须对样本数据进行学习训练。

如 3.1.3 节所述，燃气轮机的气路诊断是一个逆求解的数学问题，需要通过气路实测参数来获得气路部件健康参数。

假设待识别的某型燃气轮机气路实测参数序列如下：

$$\boldsymbol{X}_1 = \begin{bmatrix} x_1(1) \\ x_1(2) \\ \vdots \\ x_1(n) \end{bmatrix}, \ \boldsymbol{X}_2 = \begin{bmatrix} x_2(1) \\ x_2(2) \\ \vdots \\ x_2(n) \end{bmatrix}, \ \cdots, \ \boldsymbol{X}_i = \begin{bmatrix} x_i(1) \\ x_i(2) \\ \vdots \\ x_i(n) \end{bmatrix} \tag{4.1}$$

式中，$\boldsymbol{X}_i \, (i = 1, 2, \cdots)$ 为待识别的部件性能衰退模式；$x_i \, (i = 1, 2, \cdots)$ 为每一个气

路测量参数；n 为被选择作为特征向量的气路测量参数的总数目。

设建立的衰退征兆（即气路测量参数向量）和衰退模式（即性能衰退部件模式）的关系知识库如下：

$$C_1 = \begin{bmatrix} c_1(1) \\ c_1(2) \\ \vdots \\ c_1(n) \end{bmatrix}, \cdots, C_j = \begin{bmatrix} c_j(1) \\ c_j(2) \\ \vdots \\ c_j(n) \end{bmatrix}, \cdots, C_m = \begin{bmatrix} c_m(1) \\ c_m(2) \\ \vdots \\ c_m(n) \end{bmatrix} \quad (4.2)$$

式中，$C_j (j = 1, 2, \cdots, m)$ 为已知的部件性能衰退模式；$c_j (j = 1, 2, \cdots, m)$ 为每一个气路测量参数；m 为已知的部件性能衰退模式总数目。

对于 $\rho \in (0,1)$：

$$\xi(x_i(k), c_j(k)) = \frac{\min\limits_{j} \min\limits_{k} \left| x_i(k) - c_j(k) \right| + \rho \max\limits_{j} \max\limits_{k} \left| x_i(k) - c_j(k) \right|}{\left| x_i(k) - c_j(k) \right| + \rho \max\limits_{j} \max\limits_{k} \left| x_i(k) - c_j(k) \right|} \quad (4.3)$$

$$\xi(X_i, C_j) = \frac{1}{n} \sum_{k=1}^{n} \xi(x_i(k), c_j(k)), \quad j = 1, 2, \cdots, m \quad (4.4)$$

式中，ρ 为分辨系数，其值通常设为 0.5；$\xi(x_i(k), c_j(k))$ 为 X_i 和 C_j 的第 k 个特征参数的灰色关联系数；$\xi(X_i, C_j)$ 为 X_i 和 C_j 的关联度。

求得 X_i 与已知衰退模式库中的每一个 $C_j (j = 1, 2, \cdots, m)$ 的关联度 $\xi(X_i, C_j)$ $(j = 1, 2, \cdots, m)$ 后，就可以将 X_i 分类至最大关联度所属的衰退模式。

4.1.2　自适应灰色关联理论

为了增强抗测量噪声能力和帮助用于分类目的的特征参数的选择能力，这里引入信息论来计算关联度，即自适应灰色关联算法。

首先处理特征参数的距离 $|\Delta x_{ij}(k)| = |x_i(k) - c_j(k)|$，如下：

$$p_{ij}(k) = |\Delta x_{ij}(k)| \Big/ \sum_{j=1}^{m} |\Delta x_{ij}(k)| \quad (4.5)$$

式中，m 为知识库中已知的衰退模式数目。

引入信息熵 $E_i(k)$：

$$E_i(k) = -\sum_{j=1}^{m} p_{ij}(k) \ln p_{ij}(k) \quad (4.6)$$

计算最大信息熵值 $E_{\max}$:

$$E_{\max} = \left(-\sum_{j=1}^{m} p_{ij}(k) \ln p_{ij}(k) \right)_{\max} = -\sum_{j=1}^{m} \frac{1}{m} \ln \frac{1}{m} = \ln m \qquad (4.7)$$

计算相对信息熵值 $e_i(k)$:

$$e_i(k) = E_i(k) / E_{\max} \qquad (4.8)$$

参考信息论中剩余度的概念，定义第 k 个特征参数的剩余度 $D_i(k)$:

$$D_i(k) = 1 - e_i(k) \qquad (4.9)$$

剩余度的本质意义在于消除第 k 个特征参数的熵值与特征参数的最优熵值的差别。$D_i(k)$ 越大，则表明第 k 个特征参数越重要，应当赋予越大的权重。

最终，计算得到第 k 个特征参数的权重系数 $a_i(k)$:

$$a_i(k) = D_i(k) \bigg/ \sum_{k=1}^{n} D_i(k), \quad k = 1, 2, \cdots, n \qquad (4.10)$$

式中，$\sum_{k=1}^{n} a_i(k) = 1$ ，$a_i(k) \geqslant 0$ 。

然后通过将权重系数乘以相应的关联系数来计算关联度：

$$\xi(\boldsymbol{X}_i, \boldsymbol{C}_j) = \frac{1}{n} \sum_{k=1}^{n} a_i(k) \xi(x_i(k), c_j(k)) \qquad (4.11)$$

求得 $\boldsymbol{X}_i$ 与已知衰退模式知识库中的每一个 $\boldsymbol{C}_j$ $(j = 1, 2, \cdots, m)$ 的关联度 $\xi(\boldsymbol{X}_i, \boldsymbol{C}_j)$ $(j = 1, 2, \cdots, m)$ 后，就可以将 $\boldsymbol{X}_i$ 分类至最大关联度所属的衰退模式，即通过当前气路实测参数识别出气路部件的性能衰退模式。

4.2　基于热力模型与灰色关联理论的实时气路诊断过程

基于热力模型与灰色关联理论相结合的混合型非线性气路诊断方法包括两步：第一步，通过自适应灰色关联算法识别、隔离发生性能衰退的部件，从而实现故障系数矩阵的降维（即确定了待诊断的实际气路部件健康指数的子集）；第二步，通过改进型非线性气路诊断方法量化被隔离部件的性能衰退程度，用以评估目标燃气轮机实际的性能健康状况。其诊断过程如图 4.1 所示。

其具体诊断步骤如下：

（1）基于目标燃气轮机新投运（或健康）时的气路测量参数建立能完全反映各个部件特性的燃气轮机全非线性热力模型（如第 2 章所述）；

（2）用相似折合参数重新定义压气机和透平的气路健康指数，消除由环境条件(大气压力、温度和相对湿度)变化而给诊断结果带来的影响（如 3.1.1 节所述）；

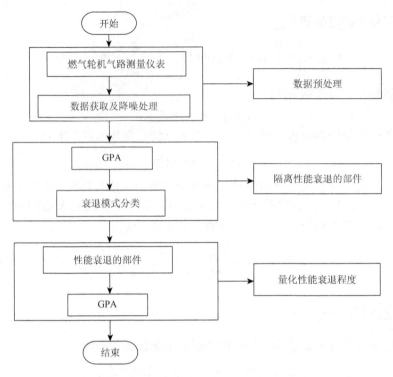

图 4.1　基于热力模型与灰色关联理论相结合的混合型非线性气路诊断过程

（3）通过设置热力模型中的各个气路部件（压气机、透平和燃烧室）的健康参数，来模拟单部件和多部件性能衰退时的气路测量参数，用于积累性能衰退模式和衰退征兆（整理为性能衰退时的气路测量参数相对于健康时的相对偏差形式，这样处理的优点是可以消除由环境条件和操作条件变化而给诊断结果带来的影响）的知识数据库，作为灰色关联理论实现对实测气路参数进行模式识别的依据；

（4）采集当前目标燃气轮机稳定运行时的某一时段的气路测量参数，进行降噪处理后作为待诊断的气路测量参数；

（5）设置已建立的燃气轮机热力模型的环境输入条件（大气压力、温度和相对湿度）和操作输入条件与采样时的对象燃气轮机运行工况一致，消除由环境条件和操作条件变化而给诊断结果带来的影响；

（6）将待诊断的实测气路数据与热力模型计算的气路测量参数之间的相对偏差输入灰色关联算法中实现性能衰退模式识别，隔离已发生性能衰退的部件，即确定待诊断的实际气路部件健康参数的子集，从而实现故障系数矩阵的降维，如图 4.2 所示；

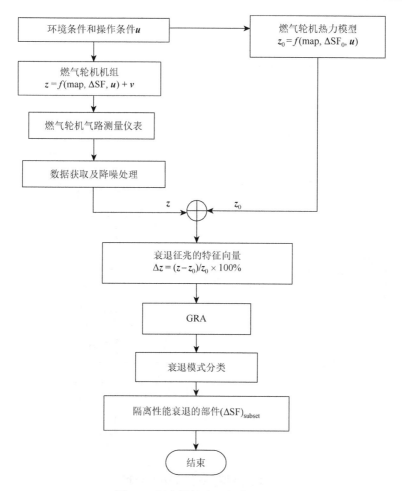

图 4.2　隔离性能衰退部件的过程

（7）以待诊断的气路测量参数与热力模型计算的气路测量参数之间的偏差作为残差，通过改进型非线性气路诊断方法进一步量化待诊断的实际气路部件健康参数的子集，用以评估目标燃气轮机部件的实际性能健康状况，如图 4.3 所示。

图 4.2 中 z 为待诊断的实测气路参数，u 为目标燃气轮机环境输入条件（大气压力、温度和相对湿度）和操作输入条件，Δz 为待诊断的实测气路参数 z 与热力模型（部件健康时）计算的气路参数 z_0 之间的相对偏差。诊断性能衰退程度，即量化部件健康参数 $(\Delta SF)_{subset}$ 的过程如图 4.3 所示，这里用 3.1.3 节所述的诊断方法。

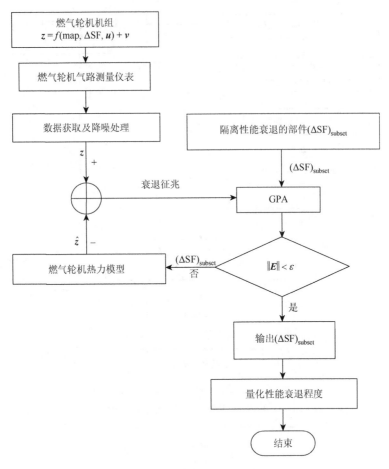

图 4.3　预测性能衰退程度过程

4.3　基于热力模型与灰色关联理论的实时气路诊断案例分析

由于实际燃气轮机运行过程中，单部件性能退化现象是最常见的，这里假设燃气轮机中的压气机（LC、HC）、燃烧室（B）和透平（HT、LT 和 PT）都有可能发生性能退化，并且单部件、双部件和三部件都可能同时发生性能退化。同样，燃气轮机的性能退化通过设置部件健康参数 ΔSF 来模拟，用表 3.1 中所示的 10 个案例来校验本章方法的有效性。

同理，这里案例 1～案例 5 是单部件性能衰退的诊断情况，案例 6～案例 10 是多部件同时性能衰退的诊断情况。前 5 个案例用于测试本章方法识别、隔离和量化单部件性能衰退的能力，而案例 6～案例 10 用于测试本章方法识别、隔离和量化多部件性能衰退的能力。

基于灰色关联理论与热力模型相结合的混合型非线性气路诊断方法的有效性主要依赖于性能衰退模式成功识别、隔离的可信度。为了有效地识别性能衰退的部件，首先需分析气路测量参数 z 相对于部件健康参数 ΔSF 的敏感性，从而选取作为特征向量 Δz 的气路测量参数。由表 3.2 所示的气路测量参数对部件健康参数的敏感度分析可知，可以选取如下的特征向量 Δz 用于性能衰退部件的隔离：

$$\Delta z = \frac{z - z_0}{z_0} \times 100\%$$

$$= [\Delta P_1, \Delta P_2, \Delta t_2, \Delta P_3, \Delta t_3, \Delta P_5, \Delta t_5, \Delta P_6, \Delta t_6, \Delta P_7, \Delta t_7, \Delta n_1, \Delta n_2, \Delta G_f]^T \quad (4.12)$$

基于 Diakunchak 的实验结果[2]，常见的部件性能衰退模式如表 4.1 所示，本章所考虑的部件性能衰退的范围也如表 4.1 所示。

表 4.1   部件性能衰退的范围

衰退模式	健康指数	范围/%
压气机（LC/HC）污垢	流量特性指数 $\Delta SF_{C,FC}$	−5～−1
	效率特性指数 $\Delta SF_{C,Eff}$	−5～−1
燃烧室（B）故障	效率特性指数 $\Delta SF_{B,Eff}$	−5～−1
透平（HT/LT/PT）腐蚀	流量特性指数 $\Delta SF_{T,FC}$	1～5
	效率特性指数 $\Delta SF_{T,Eff}$	−5～−1

通过历史运行经验和现场监测数据来积累性能衰退模式与衰退征兆的关系规则库是项艰巨而费时费力的工作，当前燃气轮机热力性能模型常用于模拟部件性能衰退来探索衰退模式与衰退征兆的关系规则，这里通过该型三轴燃气轮机热力模型建立衰退征兆（即气路测量参数）与衰退模式（输入表 4.1 所示的部件性能衰退范围）的知识库。每个部件的性能衰退样本（用于建立知识库和校验）如图 4.4～图 4.6 所示，并且假设只有单部件、双部件和三部件可能同时发生性能退化。故此用于建立知识库的样本总数为 3260 个，用于校验的样本总数为 7681 个，相应的性能衰退模式的识别结果如表 4.2 所示。

由于测量噪声在实际的气路测量中不可避免，并会对诊断结果造成副作用，同样在模拟的气路测量中引入测量噪声来使诊断分析更切合实际。不同的测量参数的最大测量噪声如表 3.3 所示。为减小测量噪声的副作用，在气路测量参数样本输入诊断系统前，同样需要进行式（3.31）所示的降噪处理。

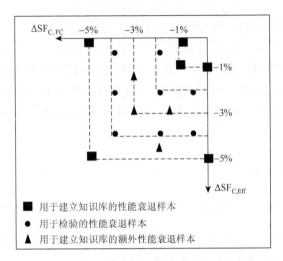

图 4.4　压气机（LC/HC）的性能衰退样本

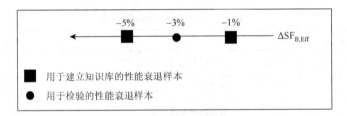

图 4.5　燃烧室（B）的性能衰退样本

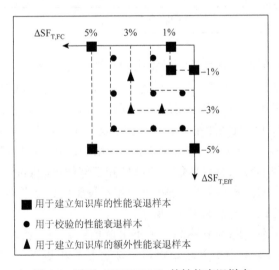

图 4.6　透平（HT/LT/PT）的性能衰退样本

表 4.2　性能衰退模式诊断结果

样本数目		识别成功率/%	
用于知识库建立	用于校验	GRA	自适应 GRA
3260	7681	90.41	94.52

为了分析用于建立知识库的样本密度对分类成功率的影响，这里使用了额外的样本用于建立知识库，此时用于建立知识库的样本总数为 9695 个，相应的性能衰退模式的诊断结果如表 4.3 所示。

表 4.3　性能衰退模式识别分析

样本数目		识别成功率/%			
用于知识库建立	用于校验	BP 神经网络	SVM	GRA	自适应 GRA
9695	7681	88	92	93.15	95.89

由表 4.2 和表 4.3 可知，用于建立知识库的样本密度对分类成功率有一定的影响，且自适应灰色关联理论使用额外的样本用于建立知识库时，更适合该型目标燃气轮机的性能衰退部件的识别、隔离。

为了进一步校验本章所提方法的有效性，将表 3.1 所示的 10 个案例分别输入燃气轮机热力模型来模拟性能衰退时的气路测量参数，并分别输入本章所提方法的诊断系统中，这里假设压气机、透平和燃烧室的实际性能衰退情况是未知的，输入不同部件性能衰退样本模拟的燃气轮机性能被视为"实际"的燃气轮机性能，而基于气路测量参数通过诊断系统预测的燃气轮机性能被视为"预测"的性能。

1. 案例 1～案例 5 的诊断结果

将案例 1～案例 5 模拟的"实际"的燃气轮机性能的气路测量参数（表 2.8）引入测量噪声并降噪处理后输入诊断系统中，并与第 3 章所提诊断方法（PSO-GPA）对比，所得到的诊断结果如图 4.7～图 4.11 所示。图 4.7～图 4.11 中横坐标为表 3.1 所示的各个部件健康参数的标识符，纵坐标为各个部件健康参数的气路诊断量化结果。

由图 4.7～图 4.11 可知，当单部件发生性能衰退时，由于存在气路测量噪声，且船用三轴燃气轮机中的参与诊断的部件数目较多，应用 3.1.3 节所述的诊断方法时，诊断结果会出现一定程度的模糊效应，而通过基于热力模型与灰色关联理论相结合的混合型非线性气路诊断方法则能有效地识别、隔离性能衰退的部件，并准确地预测性能衰退程度。

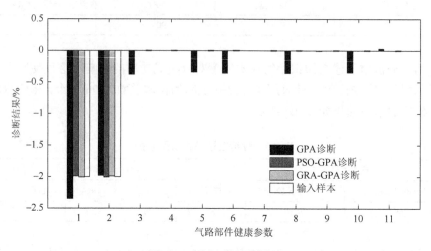

图 4.7　案例 1 的诊断结果

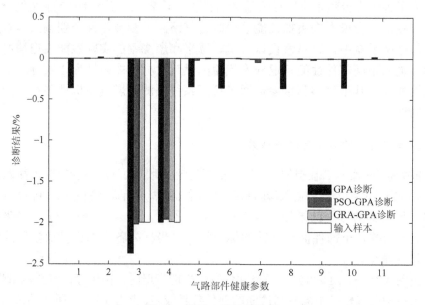

图 4.8　案例 2 的诊断结果

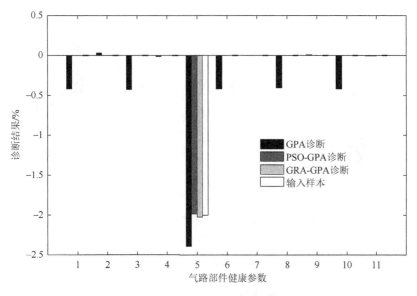

图 4.9　案例 3 的诊断结果

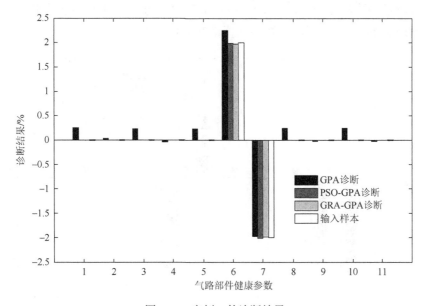

图 4.10　案例 4 的诊断结果

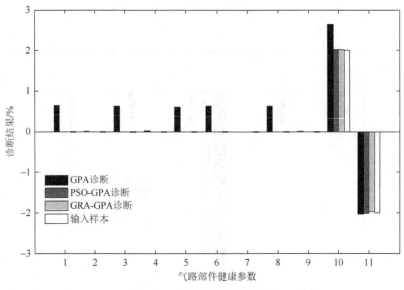

图 4.11　案例 5 的诊断结果

2. 案例 6～案例 10 的诊断结果

将案例 6～案例 10 模拟的"实际"的燃气轮机性能的气路测量参数（表 2.8）引入测量噪声并降噪处理后输入诊断系统中，所得到的诊断结果如图 4.12～图 4.16 所示。图 4.12～图 4.16 中横坐标为表 3.1 所示的各个部件健康参数的标识符，纵坐标为各个部件健康参数的气路诊断量化结果。

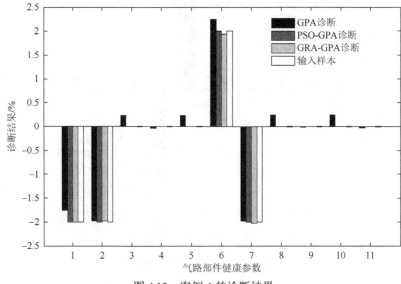

图 4.12　案例 6 的诊断结果

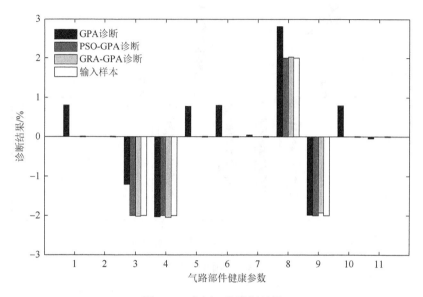

图 4.13　案例 7 的诊断结果

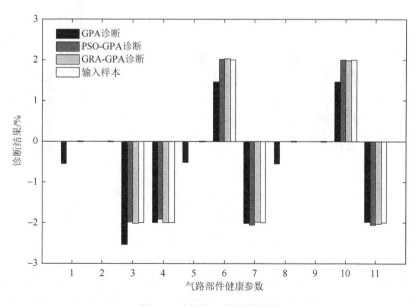

图 4.14　案例 8 的诊断结果

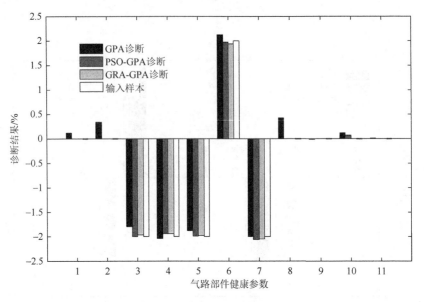

图 4.15　案例 9 的诊断结果

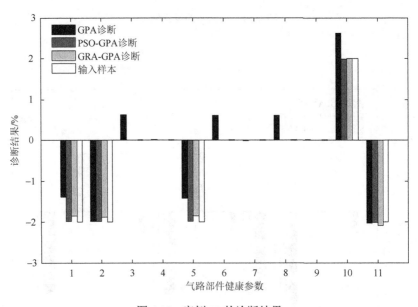

图 4.16　案例 10 的诊断结果

　　由于双部件和三部件的性能衰退模式较多，这里仅选取了 2 个双部件性能衰退案例和 3 个三部件性能衰退案例来测试所提方法的有效性。由图 4.12～图 4.16 可知，当多部件同时发生性能衰退时，通过基于热力模型与灰色关联理论相结合的混合型非线性气路诊断方法仍能够更有效地识别、隔离实际性能衰退部件，并能更准确地预测性能衰退程度。为进一步校验诊断结果的准确性，这里引入各个案例中诊断出的气路部件健康参数与输入样本之间误差绝对值的和 D [式（3.32）] 及所有案例中诊断出的气路部件健康参数与输入样本之间误差绝对值的和 D_{total} [式（3.33）]，来比较这三种方法的诊断有效性，如表 4.4 所示，并且这三种诊断方法的诊断计算耗时如表 4.5 所示。

表 4.4　各个案例中诊断出的气路部件健康参数与输入样本之间误差绝对值的和

误差绝对值的和	案例 1		案例 2		案例 3		案例 4		案例 5	
	PSO-GPA	GRA-GPA	PSO-GPA	GRA-GPA	PSO-GPA	GRA-GPA	PSO-GPA	GRA-GPA	PSO-GPA	GRA-GPA
D	0.012	0.016	0.128	0.014	0.021	0.027	0.029	0.056	0.026	0.041

误差绝对值的和	案例 6		案例 7		案例 8		案例 9		案例 10	
	PSO-GPA	GRA-GPA	PSO-GPA	GRA-GPA	PSO-GPA	GRA-GPA	PSO-GPA	GRA-GPA	PSO-GPA	GRA-GPA
D	0.013	0.112	0.015	0.175	0.224	0.097	0.208	0.234	0.077	0.518

D_{total}	GPA	PSO-GPA	GRA-GPA
	27.4683	0.7527	1.2901

表 4.5　三种气路诊断方法分别诊断一个案例的计算耗时对比

方法	耗时/s
GPA	0.277018
PSO-GPA	39.082443
GRA-GPA	0.291663

由表 4.4 和表 4.5 可知，基于热力模型与粒子群优化算法相结合的非线性气路诊断方法和本章方法在准确地量化部件性能衰退程度方面都要远优于改进型非线性气路诊断方法，都适用于包含多个部件的三轴燃气轮机机组及存在测量噪声干扰的诊断情况，但本章所提方法的诊断计算耗时方面要明显优于基于热力模型与粒子群优化算法相结合的非线性气路诊断方法，且接近于改进型非线性气路诊断方法，适合于在线实时监测诊断应用。

综上所述，本章借鉴模式识别技术的优点，从故障系数矩阵降维的角度来改善诊断结果的准确性，提出了一种基于热力模型与灰色关联理论相结合的混合型非线性气路诊断方法。该方法包括两步：第一步，通过自适应灰色关联算法识别、隔离发生性能衰退的部件，从而实现故障系数矩阵的降维（即确定了待诊断的实际气路部件健康参数的子集）；第二步，通过改进型非线性气路诊断方法量化被隔离部件的性能衰退程度，用以评估目标燃气轮机部件的实际性能健康状况。通过性能衰退模式识别分析和诊断案例分析，可以得到如下结论。

（1）用于建立知识库的样本密度对识别、隔离性能衰退部件的成功率会产生一定影响，并且自适应灰色关联算法更适合用于该型目标燃气轮机的性能衰退部件的隔离，当积累的性能衰退模式与衰退征兆的关系知识库能较好地覆盖实际燃气轮机机组部件的性能衰退范围时，其识别成功率可以达95%以上。

（2）当单部件或多部件发生性能退化时，由于存在气路测量噪声，且船用三轴燃气轮机中的部件数目较多，通过改进型非线性气路诊断方法会出现一定程度的模糊效应。而通过基于热力模型与灰色关联理论相结合的混合型非线性气路诊断方法则能更有效地识别、隔离性能衰退的部件，并更准确地预测部件性能衰退程度，其准确程度和基于热力模型与粒子群优化算法相结合的非线性气路诊断方法相近。

（3）在诊断计算耗时方面，自适应灰色关联算法识别分类耗时几乎可以忽略，因此，本章诊断方法计算耗时与改进型非线性气路诊断方法（使用 4.0GHz 的双核处理器的笔记本电脑只需约 0.28s）基本相同，而远小于基于热力模型与粒子群优化算法相结合的非线性气路诊断方法。因此，本章方法具有适合应用于在线的实时性能健康诊断的潜力。

参 考 文 献

[1]　Ying Y L，Cao Y P，Li S Y，et al. Study on gas turbine engine fault diagnostic approach with a hybrid of gray relation theory and gas-path analysis[J]. Advances in Mechanical Engineering，2016，8（1）：1-14.

[2]　Diakunchak I S. Performance deterioration in industrial gas turbines[J]. Journal of Engineering for Gas Turbines and Power，1992，114（2）：161-168.

第5章　抗传感器测量偏差的燃气轮机气路诊断研究

通常，准确的气路测量信息对于获取准确的衰退特征从而实现准确的气路诊断至关重要。由于气路侧的传感器同部件一样工作在高温、高压、高应力的恶劣环境中，其性能也可能会衰退甚至发生故障，此时会产生一定的测量偏差，易引起误导性的诊断结果。

针对上述问题，为了仍能有效地识别、隔离性能衰退的部件，并准确地量化部件性能衰退程度，本章提出了一种基于高斯数据调和原理与多运行工况点相结合的非线性气路诊断方法[1, 2]。该方法包括两步：首先，基于高斯修正准则数据调和原理对某一稳定运行工况下的待诊断的气路测量数据进行数据调和，检测出可能发生性能衰退或故障的气路传感器；其次，以部件健康参数及可疑传感器的测量偏差作为自变量参数，以待诊断的多个运行工况点的气路测量参数与热力模型计算值之间的均方根误差为目标函数，通过粒子群优化算法迭代寻优计算得到当前各个部件（压气机、透平和燃烧室）的气路健康参数，用以评估对象燃气轮机实际的性能健康状况。

5.1　高斯修正准则数据调和原理

通过燃气轮机机组运行试验获得的数据一般有两类：一类是通过现场布置的试验设备直接测量的试验数据，该类数据可通过仪器仪表的校验而获得较高的精度，此类数据称为测量值；另一类为通过试验测得的数据经过计算（如能量守恒、质量守恒、压力平衡等）获得的，此类数据称为理论值。然而，实际机组试验往往不能在理论条件下运行，会受到运行边界不确定因素及仪器仪表的不稳定运行的影响导致测量值和理论值出现不一致的情况，这会导致冗余的测量数据相悖。我们称这样的测量数据具有矛盾性，冗余的测量数据之间存在矛盾性，不能完全满足实际物理规律。为去除测量数据之间的矛盾性，提高测量数据的可信度，需要对测量数据进行调和。

1. 高斯修正准则

几乎所有的测量值都会因为传感器的系统误差和随机误差而导致一定程度的

失真。高斯修正准则作为统计数学意义上的一种估计方法，考虑了边界限值条件来检测出这些测量偏差。

2. 高斯修正准则评估条件

高斯修正准则数据调和原理的计算方法基于德国标准 VDI 2048。德国标准 VDI 2048 是进行数据调和及数据确认的基础理论，与 ASME PTC19.1 不同的是，VDI 2048 可以对冗余的测量数据进行调和。高斯修正准则数据调和的前提条件：具备 2 个以上的测量参数，测量参数之间存在冗余测量数据；数据调和的置信度为具有 95%的置信水平。

通常，对测量数据向量 X 附加一个修正量向量 v 即可得到无偏估计向量 $\bar{X}$：

$$\bar{X} = X + v \tag{5.1}$$

此修正量向量 v 必须满足

$$\zeta_0 = v^{\mathrm{T}} \cdot S_x^{-1} \cdot v \Rightarrow \min \tag{5.2}$$

式中，S_x 矩阵中第(p, k)个元素是 x_p 与 x_k 的协方差。

这就是高斯修正准则的一般形式，也是数据调和计算的核心，在对测量数据进行调和修正时，将式（5.2）作为评估条件。

3. 辅助条件的建立

为了使修正后的测量数据 $\bar{X}$ 及其不确定度（标准差）满足实际物理规律，需要建立各个测量数据 x_i 之间的关系，也就是辅助条件。基本思想为用测量数据及其不确定度，结合辅助条件经过修正计算，以获得满足辅助条件的修正量 v 和真实值 $\bar{X}$。建立 r 个辅助条件如下：

$$F(X) = \begin{bmatrix} f_1(X) \\ f_2(X) \\ \vdots \\ f_r(X) \end{bmatrix} \tag{5.3}$$

这 r 个辅助条件都是简单的物理规律。在对燃气轮机的气路测量参数进行数据调和时，所建的辅助条件有：①流量平衡；②功率平衡；③压力平衡。

由于测量数据存在系统误差和随机误差，将测量数据 X 代入辅助条件时并不会使等式两侧完全相等，但修正后的真实值 $\bar{X}$ 必须满足辅助条件，那么式（5.1）定义的估计值 $\bar{X}$ 需要满足辅助条件，则

$$F(X + v) = 0 \tag{5.4}$$

当修正量 v 足够小时，有

$$F(\boldsymbol{X}+\boldsymbol{v})=F(\boldsymbol{X})+\left(\frac{\partial F}{\partial \boldsymbol{X}}\right)\cdot\boldsymbol{v}=0 \tag{5.5}$$

式（5.5）用于数据调和修正计算通式的推导。

4. 修正计算方法

修正计算的目的在于获得测量数据的真实值 $\overline{\boldsymbol{X}}$，即需要求得修正量 v。假设函数矩阵为

$$\left[\frac{\partial F}{\partial \boldsymbol{X}}\right]=\begin{bmatrix}\dfrac{\partial f_1}{\partial x_1},\dfrac{\partial f_1}{\partial x_2},\cdots,\dfrac{\partial f_1}{\partial x_n}\\[2mm]\dfrac{\partial f_2}{\partial x_1},\dfrac{\partial f_2}{\partial x_2},\cdots,\dfrac{\partial f_2}{\partial x_n}\\[2mm]\vdots\quad\vdots\qquad\vdots\\[2mm]\dfrac{\partial f_r}{\partial x_1},\dfrac{\partial f_r}{\partial x_2},\cdots,\dfrac{\partial f_r}{\partial x_n}\end{bmatrix} \tag{5.6}$$

式中，n 为参与修正计算的测量参数的总数目。

式（5.6）的行向量是规则的，也是线性相关的，且修正量 v 必须满足式（5.5），则可以得到具有 n 个未知量 $v_i(i=1,2,\cdots,n)$ 的 r 个等式。

将式（5.5）代入式（5.2）并加入放大系数 k，可得

$$\boldsymbol{v}^{\mathrm{T}}\cdot\boldsymbol{S}_x^{-1}\cdot\boldsymbol{v}-2\left[F(\boldsymbol{X})+\left(\frac{\partial F}{\partial \boldsymbol{X}}\right)\cdot\boldsymbol{v}\right]\cdot k\Rightarrow\min \tag{5.7}$$

对 v 求偏导可得

$$2\left[\boldsymbol{S}_x^{-1}\cdot\boldsymbol{v}-\left(\frac{\partial F}{\partial \boldsymbol{X}}\right)^{\mathrm{T}}\cdot k\right]=0 \tag{5.8}$$

整理得

$$\boldsymbol{v}=\boldsymbol{S}_x\cdot\left(\frac{\partial F}{\partial \boldsymbol{X}}\right)^{\mathrm{T}}\cdot k \tag{5.9}$$

k 的推导同式（5.9）相似，将式（5.8）与式（5.5）联立可以得到

$$k=-\left[\left(\frac{\partial F}{\partial \boldsymbol{X}}\right)\cdot\boldsymbol{S}_x\cdot\left(\frac{\partial F}{\partial \boldsymbol{X}}\right)^{\mathrm{T}}\right]^{-1}\cdot F(\boldsymbol{X}) \tag{5.10}$$

由式（5.9）可以解出

$$v = -S_x \cdot \left(\frac{\partial F}{\partial X}\right)^{\mathrm{T}} \cdot \left[\left(\frac{\partial F}{\partial X}\right) \cdot S_x \cdot \left(\frac{\partial F}{\partial X}\right)^{\mathrm{T}}\right]^{-1} \cdot F(X) \tag{5.11}$$

同时，为了对测量数据 X 的不确定度进行修正，需要计算修正量 v 的协方差矩阵 S_x，对式（5.11）求偏导，可得到修正量 v 的偏导数如下：

$$\frac{\partial v}{\partial X} = -S_x \cdot \left(\frac{\partial F}{\partial X}\right)^{\mathrm{T}} \cdot \left[\left(\frac{\partial F}{\partial X}\right) \cdot S_x \cdot \left(\frac{\partial F}{\partial X}\right)^{\mathrm{T}}\right]^{-1} \cdot \left(\frac{\partial F}{\partial X}\right) \tag{5.12}$$

再结合修正量 v 的协方差矩阵定义式：

$$S_v = \left(\frac{\partial v}{\partial X}\right) \cdot S_x \cdot \left(\frac{\partial v}{\partial X}\right) \tag{5.13}$$

得到 S_v，由 S_v 即可得到 $S_{\bar{x}}$：

$$S_{\bar{x}} = S_x - S_v \tag{5.14}$$

结合数据质量评估条件可以得到修正后的测量数据的不确定度。

5. 数据质量评估条件

为了控制测量数据调和质量，需要满足以下两个 VDI 2048 评估条件。
VDI 2048 评估条件（1）：

$$\zeta_0 < \chi^2_{95\%} \tag{5.15}$$

VDI 2048 评估条件（2）：

$$\frac{|v_i|}{\sqrt{s_{x,ii} - s_{\bar{x},ii}}} = \frac{|v_i|}{\sqrt{s_{v,ii}}} \leqslant 1.96 \tag{5.16}$$

所有的测量值都必须满足 VDI 2048 评估条件（2）。若不满足，则表明在相应的测量值或其不确定度上存在严重的测量误差，这种情况下，调和值和测量值都是有问题的。若同时满足 VDI 2048 评估条件（1）和（2），则调和值 $\bar{X}$ 具有 95% 的置信度包含真实值。

综上所述，可以得到基于高斯修正准则的船用三轴燃气轮机气路测量参数的数据调和流程（图 5.1）。

如图 5.1 所示，当燃气轮机气路实测参数中某些传感器存在测量偏差时，会导致冗余的测量数据之间存在矛盾性，不能完全满足实际物理规律（流量平衡、功率平衡及压力平衡等），经过数据调和修正后的测量数据及其不确定度（标准差）将满足实际物理规律。当检测出某些气路实测参数的调节量（即调和值–实测值）超过置信限值（即调和值标准差的 1.96 倍）时，可以判定这些传感器存在测量偏差，可标定为可疑测点，待进一步诊断确认。

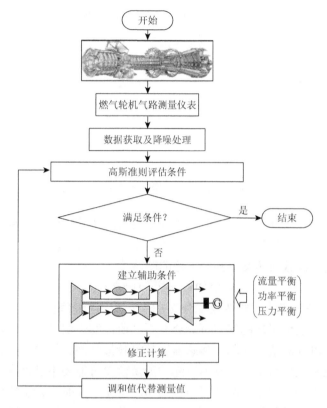

图 5.1 高斯修正准则的燃气轮机气路可测参数数据调和流程

5.2 基于高斯数据调和原理与多运行工况点相结合的非线性气路诊断方法

通常，准确地测量信息对获取准确的衰退征兆从而得到准确的气路性能诊断结果是至关重要的。然而，随着燃气轮机运行，气路传感器同部件一样，有可能会发生性能衰退，甚至故障，此时传感器会产生显著的测量偏差。这时气路传感器的总不确定度 $u_i = \sqrt{b_i^2 + (2\sigma)^2}$（即系统偏差 b_i 和随机误差 2σ 的叠加效应），如图 5.2 所示。

图 5.2 中，系统偏差 b_i 是第 i 个气路传感器的测量值的总不确定度中的固定不确定度成分，在多次重复的测量过程中，系统偏差 b_i 通常为一固定常数；随机误差 2σ 一般指测量噪声，通常符合正态分布，可以通过多次重复测量求取测量参数平均值的方式来消除。对于健康的气路传感器，通常其系统偏差 b_i 在某一符合规定的较小范围内，然而当气路传感器性能衰退时，系统偏差 b_i 的增大将会导致测量参数的平均值显著偏离测量参数的真实值。

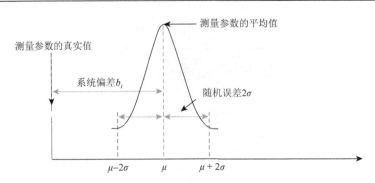

图 5.2 气路传感器的总不确定度

如上所述，在实际气路诊断时，需要考虑气路传感器的性能衰退。此时，部件健康参数与气路测量参数的热力学关系式（3.23）可以进一步表达为式（5.17），来降低部件健康参数对传感器测量偏差的敏感性：

$$z = f(\text{map}, \Delta\text{SF}, \boldsymbol{u}) + \boldsymbol{b} + \boldsymbol{v} \tag{5.17}$$

式中，$\boldsymbol{b} \in \mathbf{R}^K$ 是气路传感器性能衰退或故障引起的测量偏差。

传感器性能退化引起的偏差可能会有不同值，发生明显故障的传感器能够很容易地通过监测或阈值方法基于传感器当前测量值与理论值的明显偏差而检测出来。然而，在某些场合下，传感器引起的测量偏差可能还不足以直接通过监测或阈值方法检测出来，但足以导致误导性的诊断结果。此时，为了增强气路诊断方法抗传感器测量偏差的能力，需要将传感器偏差 $\boldsymbol{b}$ 的影响从部件健康参数 ΔSF 中分离出来，如式（5.17）所示。由于引入传感器测量偏差 $\boldsymbol{b}$，自变量参数的数目（N 与 K 之和）可能会大于气路测量参数 z 的数目 M，而可能导致显著的模糊效应。这里为了能够唯一地确定诊断结果 ΔSF，引入多运行工况点的概念。当在不同的运行工况点（即不同的环境条件和/或操作条件）下测量数据的获取时间间隔足够小（如以天为单位）时，部件健康参数 ΔSF 总是保持常数，因为在较短的时间间隔内性能衰退部件的几何通道结构不会发生显著改变。因此，部件健康参数与气路测量参数之间的热力学关系式可以进一步表示为

$$\begin{cases} z_1 = f(\text{map}, \Delta\text{SF}, \boldsymbol{u}_1) + \boldsymbol{b}_1 + \boldsymbol{v} \\ z_2 = f(\text{map}, \Delta\text{SF}, \boldsymbol{u}_2) + \boldsymbol{b}_2 + \boldsymbol{v} \\ \quad\vdots \\ z_i = f(\text{map}, \Delta\text{SF}, \boldsymbol{u}_i) + \boldsymbol{b}_i + \boldsymbol{v} \\ \quad\vdots \\ z_m = f(\text{map}, \Delta\text{SF}, \boldsymbol{u}_m) + \boldsymbol{b}_m + \boldsymbol{v} \end{cases} \tag{5.18}$$

式中，$i\,(i \geqslant 2)$ 为第 i 个运行工况点；m 为选取的运行工况点的总数。

本章诊断方法是在 3.2 节基于热力模型与粒子群优化算法相结合的非线性气

路诊断方法的基础上进行改进的，此时基于多运行工况点的抗传感器测量偏差的非线性气路诊断方法（Improved PSO-GPA）的诊断过程如图 5.3 所示。

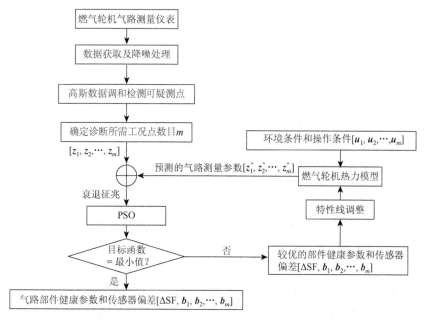

图 5.3　基于多运行工况点的抗传感器测量偏差的非线性气路诊断方法的诊断过程

图 5.3 中

$$\hat{z}_i = [z_{i,1,\text{predicted}}, z_{i,2,\text{predicted}}, \cdots, z_{i,M,\text{predicted}}] \tag{5.19}$$

$$z_i = [z_{i,1,\text{actual}}, z_{i,2,\text{actual}}, \cdots, z_{i,M,\text{actual}}] \tag{5.20}$$

式中，$\hat{z}_i$ 为由燃气轮机热力模型在第 i 个运行工况点计算得到的气路测量参数向量；z_i 为在第 i 个运行工况点实测的气路测量参数向量；M 为某一运行工况点的气路测量参数的总数目。

优化目标函数定义如下：

$$F_{\text{itness}} = \sqrt{\frac{\sum\limits_{j=1}^{m}\sum\limits_{i=1}^{M}[(z_{j,i,\text{predicted}} - z_{j,i,\text{actual}})/z_{j,i,\text{actual}}]^2}{mM}} \tag{5.21}$$

式中，F_{itness} 为优化目标函数，当 F_{itness} 随着迭代寻优过程逐渐趋近于 0 时，预测的气路测量参数 $[\hat{z}_1, \hat{z}_2, \cdots, \hat{z}_m]$ 与实测气路测量参数 $[z_1, z_2, \cdots, z_m]$ 相匹配，此时输出的最优气路部件健康参数 ΔSF 与不同运行工况点的传感器偏差为 $[b_1, b_2, \cdots, b_m]$。

其具体诊断步骤概括如下：

（1）基于目标燃气轮机新投运（或健康）时的气路测量参数建立能完全反映各个部件特性的燃气轮机全非线性热力模型，如第 2 章所述；

（2）用相似折合参数重新定义压气机和透平的气路健康参数，消除由环境条件（大气压力、温度和相对湿度）变化给诊断结果带来的影响，如 3.1.1 节所述；

（3）在某一运行工况下，采集当前目标燃气轮机稳定运行时的某一时段的气路测量参数，进行降噪处理后作为待诊断的气路测量参数；

（4）基于高斯修正准则的数据调和原理对该工况下的待诊断的气路测量数据进行数据调和，检测出可能发生性能衰退的气路传感器；

（5）根据检测出的可疑传感器的数目 K，按照“可信的气路测量参数数目 M ≥待诊断的气路部件健康参数数目 N + 可疑传感器的数目 K”的原则，确定目标燃气轮机气路诊断所需的稳态运行工况点的数目 m；

（6）根据所需的稳态运行工况点数目 m，通过调整目标燃气轮机操作条件的方式，逐一采集当前目标燃气轮机在各个稳定运行工况时的某一时段的气路测量参数，进行降噪处理后作为多个运行工况点的待诊断的气路测量数据集；

（7）分别设置燃气轮机热力模型的环境输入条件（大气压力、温度和相对湿度）和操作输入条件与采样时的目标燃气轮机的各个运行工况条件一致，消除由环境条件和操作条件变化而导致燃气轮机运行性能变化的影响；

（8）以待诊断的多个运行工况点的气路测量参数与热力模型计算的气路测量参数之间的均方根误差为目标函数，通过粒子群优化算法计算得到当前各个部件（压气机、透平和燃烧室）的气路健康参数，用以评估目标燃气轮机部件的实际性能健康状况。

5.3　抗传感器测量偏差的气路诊断案例分析

为校验本章所提诊断方法的有效性，首先对燃气轮机气路测量参数（表 2.8）进行数据调和，分析高斯修正准则数据调和原理检测异常传感器测量偏差的能力。由于无目标燃气轮机机组实际气路传感器的不确定度数据，这里气路实测参数的最大所允许的测量不确定度参考 ASME PTC 22—2005 标准，取为 0.5%。另外，在对气路测量参数进行调和时，实际气路部件特性也可能会与理论特性存在一定偏差，这里需要将气路部件的健康参数 SF 引入作为“虚拟”测量参数（部件健康时，SF = 1）一同进行调和，由于气路部件性能健康状况未知，其“虚拟”测量参数都定为 1，其不确定度取为 1%。由于高压透平和低压透平热端气路通道处于相对较恶劣的工作环境，这里假设传感器 P_5、t_5、P_6 和 t_6 较易发生性能衰退或故障，并输入了一定程度的测量偏差（取为其测量噪声标准差的 2 倍）。数据调和结果如表 5.1～表 5.3 所示。

表 5.1　当气路部件健康而传感器 P_5、t_5 和 t_6 发生故障时的数据调和结果

参数	真实值	测量值	调和值	测量值标准差	调和值标准差	调节量	置信限值	数据质量
$SF_{LC,FC}$	1	1	1.00048	0.01	0.00444	0.00048	0.00869	合格
$SF_{LC,Eff}$	1	1	0.99946	0.01	0.00351	−0.00054	0.00687	合格
$SF_{HC,FC}$	1	1	1.00019	0.01	0.00443	0.00019	0.00869	合格
$SF_{HC,Eff}$	1	1	1.00172	0.01	0.00396	0.00172	0.00777	合格
$SF_{B,Eff}$	1	1	1.00042	0.01	0.00378	0.00042	0.00741	合格
$SF_{HT,FC}$	1	1	1.00057	0.01	0.00367	0.00057	0.00720	合格
$SF_{HT,Eff}$	1	1	1.00184	0.01	0.00375	0.00184	0.00736	合格
$SF_{LT,FC}$	1	1	0.99755	0.01	0.00321	−0.00245	0.00629	合格
$SF_{LT,Eff}$	1	1	0.99889	0.01	0.00408	−0.00111	0.00800	合格
$SF_{PT,FC}$	1	1	1.00017	0.01	0.00349	0.00017	0.00683	合格
$SF_{PT,Eff}$	1	1	0.99911	0.01	0.00393	−0.00089	0.00770	合格
P_1	0.99400	0.99393	0.99393	0.00497	0.00012	−0.00000	0.00024	合格
P_2	4.54279	4.54550	4.55205	0.02271	0.01741	0.00655	0.03412	合格
t_2	213.0	213.3	213.38840	1.06488	0.70062	0.08840	1.37321	合格
P_3	20.57581	20.57830	20.60046	0.10288	0.07384	0.02216	0.14472	合格
t_3	496.3	496.7	496.22950	2.48136	1.40073	−0.47050	2.74543	合格
P_5	7.43932	7.51371	7.46764	0.03720	0.02192	−0.04607	0.04296	有问题
t_5	967.8	977.5	967.47140	4.83918	2.11078	−10.02860	4.13712	有问题
P_6	3.77202	3.76769	3.77638	0.01886	0.01019	0.00869	0.01997	合格
t_6	782.6	774.7	781.79910	3.91276	1.97276	7.09910	3.86661	有问题
P_7	1.09707	1.09725	1.09731	0.00549	0.00047	−0.00006	0.00092	合格
t_7	521.5	522.2	521.02510	2.60730	1.53376	−1.17490	3.00618	合格
G_f	1.62544	1.62251	1.62579	0.00813	0.00628	0.00328	0.01230	合格
N_e	24265.1	24280.3	24276.08816	121.32550	103.74727	−4.21184	203.34465	合格
n_1	7436	7437	7441.98616	37.17791	21.03511	4.98616	41.22882	合格
n_2	9740	9736	9741.66296	48.69453	34.79102335	5.66296	68.19041	合格

　　表 5.1 校验了当气路部件健康而传感器 P_5、t_5 和 t_6 发生性能衰退或故障时的数据调和结果。由表 5.1 可知，通过数据调和可以有效地检测出可疑传感器测点，并且异常测量数据经过数据调和后的调和值更加接近于真实值。

　　表 5.2 和表 5.3 校验了当气路部件和传感器同时发生性能衰退或故障时的数据调和结果。由表 5.2 和表 5.3 可知，通过数据调和仍可以有效地检测出发生异常的传感器测点，并且异常测量数据经过数据调和后的调和值更加接近于真实值。由表 5.2 和表 5.3 还可知，通过将气路部件健康参数 SF 引入作为"虚拟"测量参数一同进行调和，高斯修正准则数据调和原理还具有一定的性能衰退部件检测能力。

表 5.2　当低压压气机性能衰退时且传感器 P_5、t_5、P_6 和 t_6 发生故障时的数据调和结果

参数	真实值	测量值	调和值	测量值标准差	调和值标准差	调节量	置信限值	数据质量
$SF_{LC,FC}$	0.98	1	0.99016	0.01	0.00689	−0.00984	0.01351	合格
$SF_{LC,Eff}$	0.98	1	0.98350	0.01	0.00448	−0.01650	0.00878	有问题
$SF_{HC,FC}$	1	1	0.99954	0.01	0.00445	−0.00046	0.00872	合格
$SF_{HC,Eff}$	1	1	0.99976	0.01	0.00402	−0.00024	0.00789	合格
$SF_{B,Eff}$	1	1	1.00067	0.01	0.00378	0.00067	0.00742	合格
$SF_{HT,FC}$	1	1	1.00050	0.01	0.00368	0.00050	0.00722	合格
$SF_{HT,Eff}$	1	1	1.00065	0.01	0.00378	0.00065	0.00742	合格
$SF_{LT,FC}$	1	1	0.99919	0.01	0.00326	−0.00081	0.00639	合格
$SF_{LT,Eff}$	1	1	0.99568	0.01	0.00413	−0.00432	0.00809	合格
$SF_{PT,FC}$	1	1	1.00266	0.01	0.00352	0.00266	0.00690	合格
$SF_{PT,Eff}$	1	1	1.00012	0.01	0.00399	0.00012	0.00781	合格
P_1	0.99447	0.99436	0.99439	0.00497	0.00013	0.00003	0.00025	合格
P_2	4.47308	4.47558	4.48524	0.02237	0.01777	0.00966	0.034828	合格
t_2	214.3	214.6	214.01604	1.071561	0.781368	−0.58396	1.531481	合格
P_3	20.39583	20.39758	20.42786	0.10198	0.07394	0.03028	0.14492	合格
t_3	499.8	500.2	499.75057	2.49875	1.47901	−0.44943	2.89886	合格
P_5	7.38177	7.45559	7.39941	0.03691	0.02185	−0.05618	0.042822	有问题
t_5	978.0	968.2	977.08938	4.88988	2.21579	8.88938	4.34295	有问题
P_6	3.74594	3.70848	3.74368	0.01873	0.01024	0.03520	0.02006	有问题
t_6	791.5	799.4	790.77760	3.95765	2.01626	−8.62240	3.951865	有问题

续表

参数	真实值	测量值	调和值	测量值标准差	调和值标准差	调节量	置信限值	数据质量
P_7	1.09585	1.09564	1.096168	0.005479	0.000473	0.00053	0.00093	合格
t_7	527.8	528.3	527.76433	2.63882	1.54217	−0.53567	3.02265	合格
G_f	1.62714	1.62590	1.62818	0.008136	0.006285	0.00228	0.012318	合格
N_e	24265.1	24278.1	24258.53369	121.32550	103.85875	−19.56631	203.5632	合格
n_1	7464	7467	7431.31755	37.31882	28.67186	−35.68245	56.19685	合格
n_2	9795	9793	9787.99720	48.97383	35.88050	−5.00280	70.32578	合格

表 5.3 当所有气路部件发生性能衰退时且传感器 P_5、t_5、P_6 和 t_6 发生故障时的数据调和结果

参数	真实值	测量值	调和值	测量值标准差	调和值标准差	调节量	置信限值	数据质量
$SF_{LC,FC}$	0.99	1	0.99704	0.01	0.00440	−0.00300	0.00863	合格
$SF_{LC,Eff}$	0.99	1	0.98889	0.01	0.00349	−0.01111	0.00684	有问题
$SF_{HC,FC}$	0.99	1	0.99663	0.01	0.00439	−0.00337	0.00861	合格
$SF_{HC,Eff}$	0.99	1	0.99376	0.01	0.00395	−0.00624	0.00775	合格
$SF_{B,Eff}$	0.99	1	0.99308	0.01	0.00380	−0.00692	0.00745	合格
$SF_{HT,FC}$	1.01	1	1.00460	0.01	0.00367	0.00460	0.00718	合格
$SF_{HT,Eff}$	0.99	1	0.99294	0.01	0.00379	−0.00706	0.00742	合格
$SF_{LT,FC}$	1.01	1	1.00112	0.01	0.00322	0.00112	0.00631	合格
$SF_{LT,Eff}$	0.99	1	0.98680	0.01	0.00400	−0.01320	0.00785	有问题
$SF_{PT,FC}$	1.01	1	1.00454	0.01	0.00358	0.00454	0.00701	合格
$SF_{PT,Eff}$	0.99	1	0.99380	0.01	0.00390	−0.00620	0.00763	合格
P_1	0.99276	0.99293	0.99283	0.00496	0.00013	0.00010	0.00025	合格
P_2	4.70983	4.70665	4.70882	0.02355	0.01808	0.00217	0.035444	合格
t_2	220.5	220.8	220.61097	1.10233	0.72072	−0.18903	1.41262	合格
P_3	21.50639	21.51420	21.56770	0.10753	0.07682	0.05350	0.15057	合格
t_3	512.1	512.5	511.93000	2.56047	1.43890	−0.57000	2.82025	合格
P_5	7.77747	7.89413	7.82553	0.03889	0.02303	−0.06860	0.04514	有问题
t_5	1023.6	1008.3	1022.35211	5.11818	2.27139	14.05211	4.45192	有问题
P_6	3.93211	3.87313	3.94215	0.01966	0.01104	0.06902	0.02163	有问题

参数	真实值	测量值	调和值	测量值标准差	调和值标准差	调节量	置信限值	数据质量
t_6	831.8	844.3	830.28656	4.15911	2.12594	−14.01344	4.16685	有问题
P_7	1.10856	1.10784	1.10789	0.00554	0.00050	−0.00005	0.00098	合格
t_7	581.5	581.1	578.33282	2.90741	1.81370	−2.76718	3.55485	合格
G_f	1.81991	1.81985	1.80733	0.00910	0.00707	−0.01252	0.01386	合格
N_e	24265.1	24273.8	24360.45443	121.32550	98.38263	86.65443	192.83	合格
n_1	7626	7625	7587.52361	38.13236	21.83533	−37.47639	42.79724	合格
n_2	9914	9913	9866.34968	49.57150	35.92320	−46.65032	70.40948	合格

由于实际燃气轮机运行过程中，单部件性能退化是最常见的，这里假设燃气轮机中的压气机（LC、HC）、燃烧室（B）和透平（HT、LT 和 PT）都有可能发生性能退化，并且单部件、双部件和三部件都可能同时发生性能退化。燃气轮机的性能退化通过设置部件健康参数 SF 来模拟，用表 5.4 中所示的 7 个案例测试本章诊断方法的有效性。表 5.4 中，案例 1～案例 3 是单部件性能衰退情况，案例 4～案例 7 是多部件同时性能衰退情况。该燃气轮机机组的气路测量参数如表 2.8 所示。由于透平端相对较恶劣的工作条件，这里假设气路传感器 t_5、t_6、P_5 和 P_6 都有可能退化，因此选取两个不同运行工况点的气路测量参数足够用于诊断分析，且这里选取 100%和 95%工况。将一些传感器性能衰退案例分别嵌入这 7 个案例中，如表 5.4 所示，其中传感器的测量偏差仍取为其测量噪声标准差的 2 倍。

表 5.4　输入的部件性能衰退样本及传感器故障样本

参数		标识符	案例 1	案例 2	案例 3	案例 4	案例 5	案例 6	案例 7
输入的气路部件性能衰退/%	$\Delta SF_{LC,FC}$	1	−2	0	0	−2	0	0	−2
	$\Delta SF_{LC,Eff}$	2	−2	0	0	−2	0	0	−2
	$\Delta SF_{HC,FC}$	3	0	−2	0	0	−2	−2	0
	$\Delta SF_{HC,Eff}$	4	0	−2	0	0	−2	−2	0
	$\Delta SF_{B,Eff}$	5	0	0	−2	0	0	−2	−2
	$\Delta SF_{HT,FC}$	6	0	0	0	2	0	2	0

续表

参数		标识符	案例 1	案例 2	案例 3	案例 4	案例 5	案例 6	案例 7
输入的气路部件性能衰退/%	$\Delta SF_{LT,Eff}$	9	0	0	0	0	-2	0	0
	$\Delta SF_{HT,Eff}$	7	0	0	0	-2	0	-2	0
	$\Delta SF_{LT,FC}$	8	0	0	0	0	2	0	0
	$\Delta SF_{PT,FC}$	10	0	0	0	0	0	0	2
	$\Delta SF_{PT,Eff}$	11	0	0	0	0	0	0	-2
输入的气路传感器测量偏差（测量噪声标准差的倍数）	P_5	12	2	-2	0	2	2	0	2
	t_5	13	-2	-2	2	0	-2	0	2
	P_6	14	0	0	0	0	0	2	0
	t_6	15	2	-2	2	2	0	2	0

　　将表 5.4 中所示的 7 个案例分别输入目标燃气轮机热力模型来模拟性能衰退时的气路测量参数，并假设压气机、透平和燃烧室的实际性能衰退情况是未知的。在本章诊断案例分析中，输入不同的部件性能模拟的燃气轮机衰退性能被视为"实际"的燃气轮机性能，而基于气路测量参数通过本章诊断方法诊断的燃气轮机性能被视为"预测"的性能。粒子群优化算法相关参数的选取如表 5.5 所示，这里为增强全局迭代寻优效果，选取进化代数为 200，种群规模为 100，用于搜索最优的部件健康参数 ΔSF 和传感器偏差 b 。

表 5.5　粒子群优化算法相关参数的选取

参数	取值
种群规模	100
进化代数	200

1. 案例 1～案例 3 的诊断结果

　　将案例 1～案例 3 模拟的"实际"的燃气轮机性能的气路测量参数（表 2.8）引入测量噪声并降噪处理后输入本章所提诊断方法中，所得到的诊断结果如表 5.6～表 5.8 及图 5.4～图 5.6 所示。

表 5.6　案例 1 的数据调和结果

参数	真实值	测量值	调和值	测量值标准差	调和值标准差	调节量	置信限值	数据质量
$SF_{LC,FC}$	0.98	1	0.99080	0.01	0.00690	-0.00920	0.01352	合格
$SF_{LC,Eff}$	0.98	1	0.98478	0.01	0.00448	-0.01522	0.00877	有问题
$SF_{HC,FC}$	1	1	0.99971	0.01	0.00445	-0.00029	0.00872	合格
$SF_{HC,Eff}$	1	1	1.00006	0.01	0.00402	0.00006	0.00789	合格
$SF_{B,Eff}$	1	1	1.00104	0.01	0.00378	0.00104	0.00741	合格
$SF_{HT,FC}$	1	1	1.00081	0.01	0.00369	0.00081	0.00723	合格
$SF_{HT,Eff}$	1	1	1.00128	0.01	0.00378	0.00128	0.00742	合格
$SF_{LT,FC}$	1	1	0.99909	0.01	0.00326	-0.00091	0.00639	合格
$SF_{LT,Eff}$	1	1	0.99715	0.01	0.00414	-0.00285	0.00812	合格
$SF_{PT,FC}$	1	1	1.00026	0.01	0.00350	0.00026	0.00686	合格
$SF_{PT,Eff}$	1	1	0.99801	0.01	0.00397	-0.00199	0.00778	合格
P_1	0.99447	0.99425	0.99434	0.00497	0.00013	-0.00009	0.00025	合格
P_2	4.47308	4.47385	4.48610	0.022365	0.017772	0.01225	0.03483	合格
t_2	214.3	214.7	213.81935	1.07156	0.77992	-0.88065	1.52865	合格
P_3	20.39583	20.40323	20.44297	0.10198	0.07402	0.03974	0.14508	合格
t_3	499.8	500.0	498.86341	2.49875	1.47819	-1.13659	2.89724	合格
P_5	7.38177	7.45559	7.40847	0.03691	0.02185	-0.04712	0.04284	有问题
t_5	978.0	968.2	976.70931	4.88988	2.20704	8.51413	4.32580	有问题
P_6	3.74594	3.74571	3.75493	0.01873	0.01027	0.00922	0.02013	合格
t_6	791.5	799.48	790.59224	3.95765	2.00816	-8.85253	3.93600	有问题
P_7	1.09585	1.09662	1.09631	0.005479	0.00048	-0.00031	0.000942	合格
t_7	527.8	528.2	527.25843	2.63882	1.52967	-0.94157	2.99815	合格
G_f	1.62714	1.62769	1.62882	0.00814	0.00628	0.00113	0.01231	合格
N_e	24265.1	24250.5	24300.80380	121.32550	104.65959	50.30380	205.13279	合格
n_1	7464	7467	7433.42631	37.31882	28.67885	-33.57369	56.21054	合格
n_2	9795	9797	9790.52911	48.97383	35.89360	-6.47089	70.35146	合格

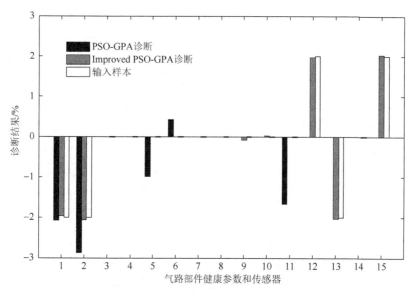

图 5.4　案例 1 的诊断结果

横坐标为表 5.4 所示的各个部件健康参数及气路传感器的标识符，纵坐标为
各个部件健康参数及气路传感器测量偏差的诊断结果

表 5.7　案例 2 的数据调和结果

参数	真实值	测量值	调和值	测量值标准差	调和值标准差	调节量	置信限值	数据质量
$SF_{LC,FC}$	1	1	0.99996	0.01	0.00431	−0.00004	0.00844	合格
$SF_{LC,Eff}$	1	1	0.99830	0.01	0.00367	−0.00170	0.00719	合格
$SF_{HC,FC}$	0.98	1	0.99057	0.01	0.00695	−0.00943	0.01363	合格
$SF_{HC,Eff}$	0.98	1	0.98454	0.01	0.00557	−0.01546	0.01091	有问题
$SF_{B,Eff}$	1	1	1.00033	0.01	0.00379	0.00033	0.00742	合格
$SF_{HT,FC}$	1	1	0.99985	0.01	0.00368	−0.00015	0.00722	合格
$SF_{HT,Eff}$	1	1	0.99668	0.01	0.00408	−0.00332	0.00799	合格
$SF_{LT,FC}$	1	1	1.00240	0.01	0.00324	0.00240	0.00636	合格
$SF_{LT,Eff}$	1	1	1.00111	0.01	0.00420	0.00111	0.00822	合格
$SF_{PT,FC}$	1	1	1.00060	0.01	0.00347	0.00060	0.00680	合格
$SF_{PT,Eff}$	1	1	1.0010	0.01	0.00394	0.00098	0.00772	合格
P_1	0.99447	0.99442	0.99446	0.00497	0.00012	0.00004	0.00024	合格

续表

参数	真实值	测量值	调和值	测量值标准差	调和值标准差	调节量	置信限值	数据质量
P_2	4.58602	4.58547	4.56392	0.02293	0.01839	−0.02155	0.03604	合格
t_2	214.3	214.2	213.91290	1.07158	0.70989	−0.28710	1.39139	合格
P_3	20.39530	20.39499	20.39692	0.10198	0.07389	0.00193	0.14483	合格
t_3	499.8	500.0	498.89856	2.49880	1.59755	−1.10144	3.13120	合格
P_5	7.38160	7.30778	7.36599	0.03691	0.02227	0.05821	0.04365	有问题
t_5	978.0	968.2	977.75504	4.89002	2.14313	9.55504	4.20053	有问题
P_6	3.74587	3.74425	3.74465	0.01873	0.01012	0.00040	0.01983	合格
t_6	791.6	799.5	791.58041	3.95778	2.02144	−7.91959	3.96202	有问题
P_7	1.09584	1.09588	1.09589	0.00548	0.00048	0.00001	0.00093	合格
t_7	527.8	527.5	528.04362	2.63891	1.56994	0.54362	3.07708	合格
G_f	1.62715	1.62624	1.62774	0.00814	0.00629	0.00150	0.01233	合格
N_e	24265.1	24283.7	24247.46950	121.32550	102.97048	−36.23050	201.82214	合格
n_1	7384	7381	7383.35621	36.91922	23.34192	2.35621	45.75017	合格
n_2	9718	9720	9683.72616	48.58872	41.08132	−36.27384	80.51939	合格

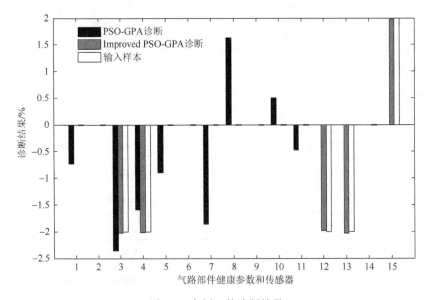

图 5.5　案例 2 的诊断结果

横坐标为表 5.4 所示的各个部件健康参数及气路传感器的标识符，纵坐标为
各个部件健康参数及气路传感器测量偏差的诊断结果

表 5.8　案例 3 的数据调和结果

参数	真实值	测量值	调和值	测量值标准差	调和值标准差	调节量	置信限值	数据质量
$SF_{LC,FC}$	1	1	0.99940	0.01	0.00444	−0.00060	0.00871	合格
$SF_{LC,Eff}$	1	1	0.99857	0.01	0.00351	−0.00143	0.00687	合格
$SF_{HC,FC}$	1	1	0.99944	0.01	0.00444	−0.00056	0.00870	合格
$SF_{HC,Eff}$	1	1	0.99908	0.01	0.00397	−0.00092	0.00779	合格
$SF_{B,Eff}$	0.98	1	0.98419	0.01	0.00551	−0.01581	0.01080	有问题
$SF_{HT,FC}$	1	1	0.99995	0.01	0.00371	−0.00005	0.00728	合格
$SF_{HT,Eff}$	1	1	0.99822	0.01	0.00374	−0.00178	0.00732	合格
$SF_{LT,FC}$	1	1	0.99980	0.01	0.00326	−0.00020	0.00639	合格
$SF_{LT,Eff}$	1	1	0.99857	0.01	0.00412	−0.00143	0.00808	合格
$SF_{PT,FC}$	1	1	0.99936	0.01	0.00352	−0.00064	0.00689	合格
$SF_{PT,Eff}$	1	1	0.99872	0.01	0.00400	−0.00128	0.00783	合格
P_1	0.99401	0.99403	0.99410	0.00497	0.00013	0.00007	0.000247	合格
P_2	4.54342	4.54468	4.54222	0.02272	0.01743	−0.00246	0.03416	合格
t_2	213.0	212.8	213.20524	1.06498	0.69955	0.40524	1.37112	合格
P_3	20.57619	20.56855	20.55364	0.10288	0.07432	−0.01491	0.14567	合格
t_3	496.3	496.0	496.65497	2.48137	1.40449	0.65497	2.75280	合格
P_5	7.44010	7.44288	7.43661	0.03720	0.02201	−0.00627	0.04313	合格
t_5	967.4	977.0	971.54054	4.83682	2.14156	−5.45946	4.19746	有问题
P_6	3.77252	3.77420	3.77276	0.01886	0.01017	−0.00144	0.01993	合格
t_6	782.3	790.1	786.19488	3.91146	1.99200	−3.90512	3.90433	有问题
P_7	1.09711	1.09669	1.09698	0.00549	0.00049	−0.00029	0.00096	合格
t_7	521.4	521.0	523.91194	2.60719	1.52678	2.91194	2.992479	合格
G_f	1.65927	1.65809	1.65731	0.00830	0.00807	−0.00078	0.01581	合格
N_e	24265.1	24271.0	24352.71093	121.32550	107.19320	81.71093	210.09870	合格
n_1	7435	7434	7426.94700	37.17466	21.19631	−7.05300	41.54478	合格
n_2	9737	9736	9728.86920	48.68551	34.92828	−7.13080	68.45943	合格

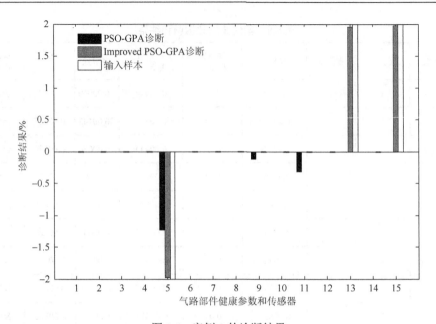

图 5.6　案例 3 的诊断结果

横坐标为表 5.4 所示的各个部件健康参数及气路传感器的标识符，纵坐标为
各个部件健康参数及气路传感器测量偏差的诊断结果

　　由表 5.6～表 5.8 中当单个气路部件及某些传感器同时发生性能衰退或故障时的数据调和结果可知，通过数据调和能有效地检测出发生异常的传感器测点，并且异常测量数据经过数据调和后的调和值更加接近于真实值。由表 5.6～表 5.8 还可知，通过将气路部件健康参数 SF 引入作为"虚拟"测量参数一同进行调和，高斯修正准则数据调和原理还具有一定的性能衰退部件检测能力。检测出可疑传感器测点后，将可疑传感器测量偏差与部件健康参数一同作为自变量参数进行诊断，由图 5.4～图 5.6 可知，当单部件性能衰退且存在传感器偏差时，通过常规非线性气路诊断方法产生了误导性的诊断结果，而通过本章诊断方法，有效地降低了部件健康参数对传感器测量偏差的敏感性，能够有效地识别性能衰退的部件，并准确地量化部件性能衰退程度。

2. 案例 4～案例 7 的诊断结果

　　将案例 4～案例 7 模拟的"实际"的燃气轮机性能的气路测量参数（表 2.8）引入测量噪声并降噪处理后输入本章诊断方法中，所得到的诊断结果如表 5.9～表 5.12 及图 5.7～图 5.10 所示。

表5.9　案例4的数据调和结果

参数	真实值	测量值	调和值	测量值标准差	调和值标准差	调节量	置信限值	数据质量
$SF_{LC,FC}$	0.98	1	0.98917	0.01	0.00686	−0.01083	0.01345	合格
$SF_{LC,Eff}$	0.98	1	0.98170	0.01	0.00447	−0.01830	0.00875	有问题
$SF_{HC,FC}$	1	1	0.99984	0.01	0.00461	−0.00016	0.00904	合格
$SF_{HC,Eff}$	1	1	0.99782	0.01	0.00432	−0.00218	0.00846	合格
$SF_{B,Eff}$	1	1	1.00185	0.01	0.00385	0.001852	0.00754	合格
$SF_{HT,FC}$	1.02	1	1.02091	0.01	0.00531	0.02091	0.01040	有问题
$SF_{HT,Eff}$	0.98	1	0.98423	0.01	0.00541	−0.01577	0.01061	有问题
$SF_{LT,FC}$	1	1	0.99521	0.01	0.00342	−0.00480	0.00670	合格
$SF_{LT,Eff}$	1	1	0.99477	0.01	0.00414	−0.00523	0.00812	合格
$SF_{PT,FC}$	1	1	0.99777	0.01	0.00367	−0.00223	0.00720	合格
$SF_{PT,Eff}$	1	1	0.99780	0.01	0.00394	−0.00220	0.00772	合格
P_1	0.99338	0.99325	0.99336	0.00497	0.00014	0.00011	0.00027	合格
P_2	4.76580	4.76631	4.77425	0.02383	0.01967	0.00794	0.03855	合格
t_2	224.1	224.4	223.99425	1.12064	0.81531	−0.40575	1.59801	合格
P_3	20.99034	20.98334	21.06029	0.10495	0.08655	0.07695	0.16964	合格
t_3	506.6	506.1	507.36327	2.53303	1.60603	1.26327	3.14782	合格
P_5	7.76421	7.88067	7.81217	0.03882	0.02422	−0.06850	0.047461	有问题
t_5	1034.5	1033.6	1036.28528	5.17234	2.38978	2.68528	4.68397	合格
P_6	3.92257	3.92422	3.93631	0.01961	0.01128	0.01209	0.02211	合格
t_6	838.9	851.4	840.67737	4.19429	2.20702	−10.72263	4.32575	有问题
P_7	1.10620	1.10571	1.10649	0.00553	0.00056	0.00078	0.00109	合格
t_7	584.7	584.5	585.99815	2.92336	1.91649	1.49815	3.75631	合格
G_f	1.79005	1.79032	1.79291	0.00895	0.00703	0.00259	0.01378	合格
N_e	24265.1	24257.8	24341.21645	121.32550	99.32884	83.41645	194.68453	合格
n_1	7603	7605	7566.88414	38.01355	29.43313	−38.11586	57.68894	合格
n_2	9676	9680	9673.44681	48.38223	31.47805	−6.55319	61.69698	合格

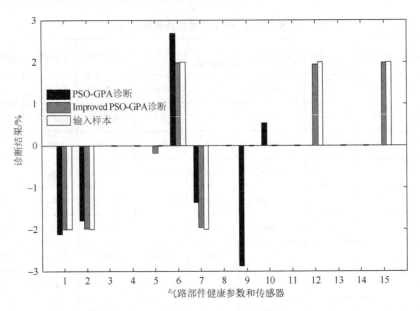

图 5.7 案例 4 的诊断结果

横坐标为表 5.4 所示的各个部件健康参数及气路传感器的标识符,纵坐标为
各个部件健康参数及气路传感器测量偏差的诊断结果

表 5.10 案例 5 的数据调和结果

参数	真实值	测量值	调和值	测量值 标准差	调和值 标准差	调节量	置信限值	数据 质量
$SF_{LC,FC}$	1	1	1.00069	0.01	0.00442	0.00069	0.00866	合格
$SF_{LC,Eff}$	1	1	0.99586	0.01	0.003774	−0.00414	0.00740	合格
$SF_{HC,FC}$	0.98	1	0.98968	0.01	0.006518	−0.01032	0.01278	合格
$SF_{HC,Eff}$	0.98	1	0.99159	0.01	0.00556	−0.00841	0.01090	合格
$SF_{B,Eff}$	1	1	0.99846	0.01	0.00382	−0.00154	0.00747	合格
$SF_{HT,FC}$	1	1	0.99940	0.01	0.00378	−0.00060	0.00742	合格
$SF_{HT,Eff}$	1	1	1.00019	0.01	0.00416	0.00019	0.00816	合格
$SF_{LT,FC}$	1.02	1	1.01456	0.01	0.00439	0.01456	0.00860	有问题
$SF_{LT,Eff}$	0.98	1	0.97935	0.01	0.00654	−0.02065	0.01282	有问题
$SF_{PT,FC}$	1	1	0.99891	0.01	0.00381	−0.00109	0.00747	合格
$SF_{PT,Eff}$	1	1	0.99419	0.01	0.00393	−0.00581	0.00771	合格
P_1	0.99313	0.99303	0.99303	0.00497	0.00012	−0.00000	0.00024	合格

续表

参数	真实值	测量值	调和值	测量值标准差	调和值标准差	调节量	置信限值	数据质量
P_2	4.48741	4.48769	4.49316	0.02244	0.01722	0.00547	0.03374	合格
t_2	211.3	211.5	211.35925	1.05643	0.70222	−0.14075	1.376348	合格
P_3	21.47225	21.47013	21.50708	0.10736	0.07681	0.03695	0.15054	合格
t_3	511.8	511.5	511.49941	2.558873	1.4557444	−0.00059	2.853259	合格
P_5	7.61797	7.69415	7.64409	0.03809	0.02212	−0.05006	0.04336	有问题
t_5	1013.6	1003.4	1011.59054	5.06792	2.24220	8.19054	4.39472	有问题
P_6	3.93009	3.93580	3.93494	0.01965	0.0109012	−0.00086	0.02137	合格
t_6	829.8	830.1	827.78894	4.14924	2.11714	−2.31106	4.14960	合格
P_7	1.10647	1.10588	1.10674	0.00553	0.00050	0.00086	0.00098	合格
t_7	576.9787	576.9787	575.429	2.884894	1.8436658	−1.54973	3.613585	合格
G_f	1.77945	1.77903	1.77930	0.00890	0.00693	0.00027	0.01358	合格
N_e	24265.1	24261.8	24267.61077	121.32550	98.34405	5.81077	192.75434	合格
n_1	7532	7536	7540.28614	37.65807	21.67127	4.28614	42.47568	合格
n_2	10189	10187	10195.60682	50.94249	38.43877	8.60682	75.33999	合格

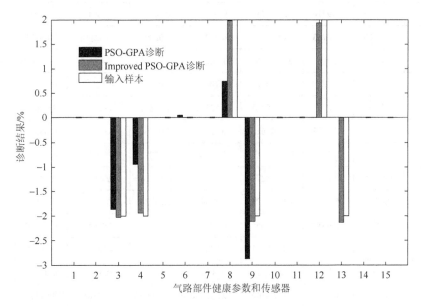

图 5.8　案例 5 的诊断结果

横坐标为表 5.4 所示的各个部件健康参数及气路传感器的标识符，纵坐标为
各个部件健康参数及气路传感器测量偏差的诊断结果

表 5.11　案例 6 的数据调和结果

参数	真实值	测量值	调和值	测量值标准差	调和值标准差	调节量	置信限值	数据质量
$SF_{LC,FC}$	1	1	1.00040	0.01	0.00444	0.00040	0.00871	合格
$SF_{LC,Eff}$	1	1	0.99849	0.01	0.00364	−0.00151	0.00713	合格
$SF_{HC,FC}$	0.98	1	0.99396	0.01	0.00762	−0.00605	0.01494	合格
$SF_{HC,Eff}$	0.98	1	0.98425	0.01	0.00647	−0.01575	0.01267	有问题
$SF_{B,Eff}$	0.98	1	0.98783	0.01	0.00513	−0.01217	0.01006	有问题
$SF_{HT,FC}$	1.02	1	1.01598	0.01	0.00692	0.01598	0.01355	有问题
$SF_{HT,Eff}$	0.98	1	0.97872	0.01	0.00591	−0.02128	0.01159	有问题
$SF_{LT,FC}$	1	1	0.99935	0.01	0.00344	−0.00066	0.00675	合格
$SF_{LT,Eff}$	1	1	1.00093	0.01	0.00421	0.00093	0.00825	合格
$SF_{PT,FC}$	1	1	0.99569	0.01	0.00366	−0.00431	0.00717	合格
$SF_{PT,Eff}$	1	1	0.99596	0.01	0.00389	−0.00404	0.00762	合格
P_1	0.99338	0.99316	0.99331	0.00497	0.00014	0.00015	0.00027	合格
P_2	4.88709	4.88793	4.86675	0.02444	0.02000	−0.02118	0.03921	合格
t_2	224.0	224.4	223.70667	1.12017	0.73981	−0.69333	1.45003	合格
P_3	20.99139	21.02046	21.09686	0.10496	0.07884	0.10547	0.15453	合格
t_3	506.3	506.0	506.65423	2.53170	1.77889	0.65423	3.48662	合格
P_5	7.76501	7.76783	7.79261	0.03883	0.02364	0.02478	0.04633	合格
t_5	1033.2	1033.6	1035.52952	5.16580	2.37773	1.92952	4.66036	合格
P_6	3.92307	3.98584	3.94827	0.01962	0.01116	−0.03757	0.02188	有问题
t_6	837.9	846.3	840.43825	4.18948	2.23726	−5.86175	4.38503	有问题
P_7	1.10623	1.10612	1.10666	0.00553	0.00058	0.00054	0.00114	合格
t_7	584.0	584.4	585.68337	2.92003	1.94673	1.28337	3.81560	合格
G_f	1.82643	1.82704	1.82091	0.00913	0.00830	−0.00552	0.01627	合格
N_e	24265.1	24250.5	24387.81046	121.32550	101.10095	137.31046	198.15787	合格
n_1	7522	7524	7527.13456	37.60927	21.79853	3.13456	42.72511	合格
n_2	9609	9612	9580.51352	48.04402	37.22224	−31.48648	72.95559	合格

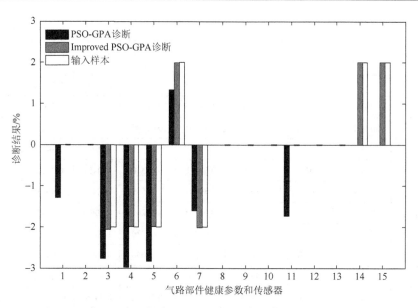

图 5.9　案例 6 的诊断结果

横坐标为表 5.4 所示的各个部件健康参数及气路传感器的标识符，纵坐标为
各个部件健康参数及气路传感器测量偏差的诊断结果

表 5.12　案例 7 的数据调和结果

参数	真实值	测量值	调和值	测量值标准差	调和值标准差	调节量	置信限值	数据质量
$SF_{LC,FC}$	0.98	1	0.98390	0.01	0.00674	−0.01610	0.01322	有问题
$SF_{LC,Eff}$	0.98	1	0.98229	0.01	0.00449	−0.01771	0.00880	有问题
$SF_{HC,FC}$	1	1	1.00056	0.01	0.00448	0.00056	0.00877	合格
$SF_{HC,Eff}$	1	1	0.99779	0.01	0.00399	−0.00221	0.00782	合格
$SF_{B,Eff}$	0.98	1	0.98805	0.01	0.00526	−0.01195	0.01030	有问题
$SF_{HT,FC}$	1	1	0.99771	0.01	0.00377	−0.00229	0.00738	合格
$SF_{HT,Eff}$	1	1	0.99873	0.01	0.00375	−0.00127	0.00736	合格
$SF_{LT,FC}$	1	1	0.99540	0.01	0.00347	−0.00460	0.00680	合格
$SF_{LT,Eff}$	1	1	0.99623	0.01	0.00425	−0.00377	0.00833	合格
$SF_{PT,FC}$	1.02	1	1.00839	0.01	0.00416	0.00839	0.00816	有问题
$SF_{PT,Eff}$	0.98	1	1.00251	0.01	0.00998	0.00251	0.01956	合格
P_1	0.99350	0.99335	0.99348	0.00497	0.00015	0.00013	0.00029	合格

参数	真实值	测量值	调和值	测量值标准差	调和值标准差	调节量	置信限值	数据质量
P_2	4.63671	4.63739	4.64308	0.02318	0.01861	0.00569	0.03648	合格
t_2	219.9	219.8	220.40105	1.09955	0.81436	0.60105	1.59615	合格
P_3	20.96220	20.97728	20.97482	0.10481	0.07799	−0.00246	0.15286	合格
t_3	506.2	506.5	506.39125	2.53100	1.50271	0.19125	2.94530	合格
P_5	7.56048	7.63609	7.58793	0.03780	0.02310	−0.04816	0.04528	有问题
t_5	979.4	989.2	981.35928	4.89691	2.24559	−7.84072	4.40135	有问题
P_6	3.76218	3.76199	3.76828	0.01881	0.01262	0.00629	0.02473	合格
t_6	788.5	788.9	790.00757	3.94266	2.06836	1.10757	4.05398	合格
P_7	1.10024	1.09976	1.10042	0.00550	0.00060	0.00066	0.00118	合格
t_7	531.6	531.3	532.77168	2.65806	1.78469	1.47168	3.49800	合格
G_f	1.69746	1.69651	1.69808	0.00849	0.00772	0.00157	0.015127	合格
N_e	24265.1	24283.7	24308.86534	121.32550	110.63895	25.16534	216.85235	合格
n_1	7584	7581	7584.72093	37.91914	29.57052	−3.72093	57.95822	合格
n_2	9802	9807	9802.34106	49.01063	36.33187	−4.65894	71.21047	合格

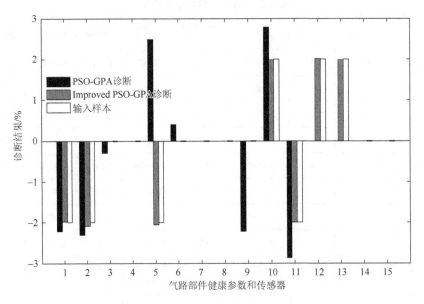

图 5.10　案例 7 的诊断结果

横坐标为表 5.4 所示的各个部件健康参数及气路传感器的标识符，纵坐标为
各个部件健康参数及气路传感器测量偏差的诊断结果

由表 5.9～表 5.12 中当多个气路部件及某些传感器同时发生性能衰退或故障时的数据调和结果可知,通过数据调和仍可以有效地检测出发生异常的传感器测点,并且异常测量数据经过数据调和后的调和值更加接近于真实值。由表 5.9～表 5.12 还可知,通过将气路部件健康参数 SF 引入作为"虚拟"测量参数一同进行调和,高斯修正准则数据调和原理还具有一定的性能衰退部件检测能力。检测出可疑传感器测点后,其将可疑传感器测量偏差与部件健康参数一同作为自变量参数进行诊断。由图 5.7～图 5.10 可知,当多个气路部件发生性能衰退且存在传感器性能衰退时,通过常规非线性气路诊断方法产生了显著的误导性的诊断结果,而通过本章诊断方法,有效地降低了部件健康参数对传感器测量偏差的敏感性,能够成功地识别、隔离性能衰退的部件,并准确地量化部件性能衰退程度。基于本章诊断方法在案例 7 中的迭代搜索计算过程如图 5.11 所示。

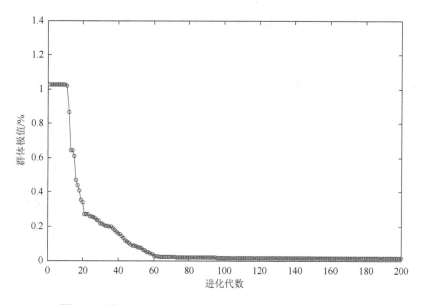

图 5.11 基于本章诊断方法在案例 7 中的迭代搜索计算过程

由图 5.11 可知,群体极值(即当前粒子群体的目标函数最优值)随着全局迭代寻优计算逐渐减小,当进化代数达到 60 后,基本趋近于稳定值 0.017%,此时得到最终的全局最优解 g_{Best},即为诊断出的当前各个部件(压气机、透平和燃烧室)的气路健康参数,用以评估目标燃气轮机实际的性能健康状况。

综上所述,本章提出了一种抗传感器测量偏差的燃气轮机非线性气路诊断方法,该方法首先基于高斯修正准则数据调和原理对某一工况下的待诊断的气路测量数据进行数据调和,检测出可能发生性能衰退或故障的气路传感器;其次以部件健康参数及可疑传感器的测量偏差作为自变量参数，以待诊断的多个运行工况点的气路测量数据与热力模型计算值之间的均方根误差为目标函数，通过粒子群优化算法迭代寻优计算得到当前的各个部件（压气机、透平和燃烧室）的气路健康指参数，用以评估对象燃气轮机实际的性能健康状况。通过诊断分析，可以得到如下结论。

（1）当某些传感器发生性能衰退或故障时，通过数据调和可以有效地检测出发生异常的可疑传感器测点，并且异常测量数据经过数据调和后的调和值更加接近于真实值。此外，通过将气路部件健康参数引入作为"虚拟"测量参数一同进行调和，高斯修正准则数据调和原理还具有一定的性能衰退部件检测能力。

（2）当单个部件或多个部件发生性能退化且存在传感器性能衰退时，通过常规非线性气路诊断方法产生了显著的误导性的诊断结果，而通过基于多运行工况点的抗传感器测量偏差的非线性气路诊断方法，有效地降低了部件健康参数对传感器测量偏差的敏感性，能够成功地识别、隔离性能衰退的部件，并准确地量化部件性能衰退程度。

（3）本章所提诊断方法解决了常规非线性气路诊断方法诊断准确性高度依赖于气路传感器可靠性的问题，能有效适用于存在测量噪声、测量偏差的复杂燃气轮机机组的部件性能离线诊断情况。

参 考 文 献

[1] Li J C, Ying Y L. A method to improve the robustness of gas turbine gas-path fault diagnosis against sensor faults[J]. IEEE Transactions on Reliability, 2018, 67（1）: 3-12.

[2] 应雨龙, 李靖超. 一种基于多运行工况点的强鲁棒性燃气轮机非线性气路诊断方法[J]. 燃气轮机技术, 2016, 29（3）: 33-38.

第6章 基于特性线非线性形状自适应的压气机气路诊断研究

6.1 基于特性线非线性形状自适应的性能建模与性能诊断方法

6.1.1 压气机特性线生成

在当前的燃气轮机热力建模技术条件下，性能模型的准确性主要依赖于压气机特性线的表示准确性。这些部件特性线实际上需由发动机试车台在不同操作条件下严格的试验获得，或者通过计算流体力学数值模拟获取。因制造商保密原因，用户通常很难甚至无法获得任何压气机特性线，此时，逐级叠加（stage-stacking）计算法成为一种用于生成压气机特性线的可靠而有效的手段，其计算过程主要基于一维平均半径处的连续性流动方程和一组通用的级特性曲线。对用户来说，实际机组压气机各叶片级的几何参数通常也是未知的，因此，逐级叠加计算法通常只能采用一套从大量已有叶片级（包括亚声速级、跨声速级和超声速级）试验数据中拟合得到的通用的级特性曲线（图6.1）来表征实际压气机各级的级特性。

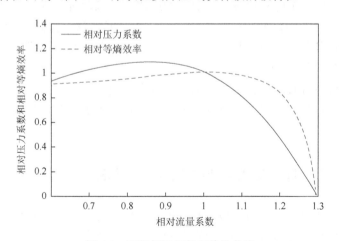

图 6.1 压气机通用的级特性曲线

图6.1阐述了压气机级相对压力系数 ψ^* ($\psi^* = \psi / \psi_0$) 和相对流量系数 ϕ^* ($\phi^* =$

ϕ / ϕ_0) 与相对等熵效率 η^* ($\eta^* = \eta / \eta_0$) 和相对流量系数 ϕ^* 的关系。其中，相对压力系数、相对流量系数和相对等熵效率定义如下：

$$\psi^* = \psi / \psi_0 = \left(\frac{h_{\text{out,s}}^* - h_{\text{in}}^*}{u^2} \right) \bigg/ \left(\frac{h_{\text{out,s}}^* - h_{\text{in}}^*}{u^2} \right)_0 \tag{6.1}$$

$$\phi^* = \phi / \phi_0 = \left(\frac{c_{\text{a}}}{u} \right) \bigg/ \left(\frac{c_{\text{a}}}{u} \right)_0 = \left(\frac{G_{\text{in}} / \rho_{\text{in}}}{n} \right) \bigg/ \left(\frac{G_{\text{in}} / \rho_{\text{in}}}{n} \right)_0 = \left(\frac{G_{\text{in}} R_{\text{g}} T_{\text{in}}^*}{P_{\text{in}}^* n} \right) \bigg/ \left(\frac{G_{\text{in}} R_{\text{g}} T_{\text{in}}^*}{P_{\text{in}}^* n} \right)_0$$
$$\tag{6.2}$$

$$\eta^* = \frac{\eta}{\eta_0} \tag{6.3}$$

在压气机特性线生成过程中，由于实际机组压气机各叶片级的几何参数未知，需作如下假设。

（1）假设图 6.1 所示的压气机通用级特性曲线适用于实际机组压气机各叶片级的变工况计算。

（2）假设实际机组压气机各叶片级的压比从入口至出口逐级略微降低，并且各叶片级设计工况点的压比分配如式（6.4）和式（6.5）所示：

$$a_{\text{c}} = \left(\frac{\pi_{\text{C}}}{\pi_{1,\text{st}}^{\kappa}} \right)^{\frac{2}{(\kappa-1)\kappa}} \tag{6.4}$$

$$\pi_{i,\text{st}} = \pi_{1,\text{st}} a_{\text{c}}^{i-1} \tag{6.5}$$

式中，$\pi_{1,\text{st}}$ 为第一个叶片级设计工况点的压比，并且通过压气机等熵过程中设置各叶片级相同的焓升值来计算得到；κ 为实际机组压气机总的叶片级级数。

在此假设条件下，各叶片级设计工况点的耗功基本相同，可以代表对真实压气机设计的简单估计。

（3）假设各叶片级设计工况点的等熵效率相同。

基于上述假设，可以基于从入口至出口的逐级叠加计算法生成整个轴流压气机的特性线图。

6.1.2　压气机特性线泛化与非线性形状自适应

由于上述压气机特性线生成过程的简化条件，通过逐级叠加计算法建立的燃气轮机热力模型一定程度上存在不可避免的误差。本节提出一种特性线非线性形状自适应方法来提高所建燃气轮机热力模型的准确性，主要从两方面开展[1]：一方面提出具有良好内插与泛化性能的压气机特性线表达方法；另一方面提出基于实测气路参数的压气机特性线非线性形状自适应方法，如图 6.2 所示。

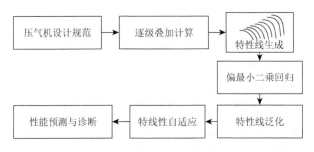

图 6.2　基于特性线非线性形状自适应的压气机气路诊断

1. 压气机特性线泛化

本节提出具有良好内插与泛化性能的压气机特性线图表达方法，目的是充分利用部件特性线图的变工况流量特性和效率特性来实现准确的变工况热力计算。其中，查表法是最为常用的方法，其核心算法是线性或样条插值和外推算法。查表法已广泛应用于几乎所有的商业热力学计算软件，如 Krawal-modular、IPSEpro 和 Thermoflex。然而，该表达方法的缺点是，压气机特性线图的样本数据应该是密集且规则的。人工神经网络由于其具有高度非线性的映射能力而被广泛用于表达压气机特性线图。人工神经网络可以通过设置合适的拓扑结构来构建任意的非线性函数。然而，人工神经网络的外推性能往往是较差的。另外一种压气机特性线表达方法是椭圆拟合算法，利用旋转的椭圆方程通过优化过程拟合压气机特性线图。该方法的实际应用表明，旋转的椭圆方程拟合多项式系数的初始值选择对拟合准确性有较大的影响。另一种压气机特性线表达方法是偏最小二乘回归法。多元统计数据分析方法有两大类。一类是模型式的方法，以回归分析和判别分析为主要代表。其特点是在变量集合中有自变量和因变量之分。这类方法希望通过数据分析，找到因变量与自变量之间的函数关系，建立模型，用于预测。另一类则是认识性的方法，以主成分分析、聚类分析为代表，典型相关分析也属于此类方法。这类方法的主要特征是在原始数据中没有自变量和因变量之分，而通过数据分析，可以简化数据结构，观察变量间的相关性或样本点的相似性。长期以来，这两类方法的界限是十分清楚的。而偏最小二乘回归法则把它们有机地结合起来，在一个算法中，可以同时实现回归建模（多元线性回归分析）、数据结构简化（主成分分析）以及两组变量间的相关分析（典型相关分析）。这给多元系统分析带来极大的便利，是多元统计数据分析中的一个飞跃。

偏最小二乘回归法是一种新型的多元统计数据分析方法，它在统计应用中的重要性主要有以下几个方面。

（1）偏最小二乘回归法是一种多因变量对多自变量的回归建模方法。

（2）偏最小二乘回归法可以较好地解决许多以往用普通多元回归无法解决的

问题。在普通多元线性回归的应用中，常受到许多限制，最典型的问题就是自变量之间的多重相关性。偏最小二乘回归法开辟了一种有效的技术途径，它利用对系统中数据信息进行分解和筛选的方式，提取对因变量解释性最强的综合变量，辨识系统中的信息与噪声，从而更好地克服变量多重相关性在系统建模中的不良作用。另一个在使用普通多元回归时经常受到的限制是样本点数量不宜太少。普通多元回归对样本点数量小于变量个数时的建模分析是完全无能为力的。而这个问题的数学本质与变量多重相关性十分类似。因此，采用偏最小二乘回归法也可较好地解决该问题。

（3）偏最小二乘回归法之所以被称为第二代回归方法，还由于它可以实现多种数据分析方法的综合应用。偏最小二乘回归法可以集多元线性回归分析、典型相关分析和主成分分析的基本功能为一体，将建模预测类型的数据分析方法与非模型式的数据认识性分析方法有机地结合起来，即偏最小二乘回归≈多元线性回归分析＋典型相关分析＋主成分分析。

偏最小二乘回归法与普通多元回归分析在思路上的主要区别，是它在回归建模过程中采用了信息综合与筛选技术，它不再直接考虑因变量集合与自变量集合的回归建模，而是在变量系统中提取若干对系统具有最佳解释能力的新综合变量（又称为成分），然后利用它们进行回归建模。

综上所述，相关学者已经提出了许多压气机特性线图表达方法来提高特性线内插与泛化性能，并且论述了查表法、人工神经网络、椭圆拟合算法、偏最小二乘回归法的优缺点。我们之前的研究工作[2]已经证明了偏最小二乘回归法在表达压气机特性线图方面是一种有用可靠的方法，有以下两个原因：①具有出色的内插和外推性能；②无须选择拟合多项式函数系数的初始值。

采用偏最小二乘回归法拟合生成的压气机特性线图后，压气机特性线可以用图 6.3 所示的多项式函数形式表示。

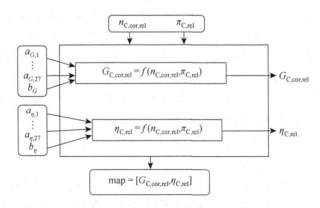

图 6.3　压气机特性线图的偏最小二乘回归法

$$G_{C,cor,rel} = \sum_{i=1}^{h}\left(\sum_{j=0}^{i}(a_{G,i,j}n_{C,cor,rel}^{i-j}\pi_{C,rel}^{j})\right) + b_G \qquad (6.6)$$

$$\eta_{C,rel} = \sum_{i=1}^{h}\left(\sum_{j=0}^{i}(a_{\eta,i,j}n_{C,cor,rel}^{i-j}\pi_{C,rel}^{j})\right) + b_\eta \qquad (6.7)$$

式中，$a_{G,i,j}$ 和 b_G 表示压气机流量特性拟合多项式函数系数向量的参数；$a_{\eta,i,j}$ 和 b_η 表示压气机效率特性拟合多项式函数系数向量的参数；h 表示拟合多项式函数的最高次幂，此处 h 取 6。

2. 压气机特性线非线性形状自适应

将上述的拟合多项式函数集成到燃气轮机压气机热力模型后，就可以通过自适应调整拟合多项式函数系数来实现基于目标燃气轮机气路测量参数的压气机特性线非线性形状自适应，如图 6.4 所示。

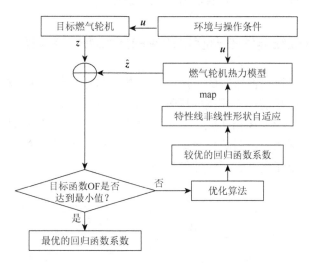

图 6.4　压气机特性线非线性形状自适应流程图

部件特性线拟合多项式函数系数的自适应修正过程，充分考虑了压气机的强非线性特征，能对各条相对折合转速线的非线性形状进行修正。燃气轮机压气机特性线图的自适应修正过程可以看作一个优化辨识问题，如图 6.4 所示。

设置燃气轮机热力模型的环境条件（环境压力、温度和相对湿度）和操作控制条件与目标对象燃气轮机保持一致，取热力模型计算得到的气路可测参数 $\hat{z}$ 和目标燃气轮机实测气路参数 z 之间的均方根误差作为目标函数 OF，表达式如下：

$$OF = \sqrt{\dfrac{\displaystyle\sum_{j=1}^{m}\sum_{i=1}^{M}\left[(z_{i,j,\text{predicted}} - z_{i,j,\text{actual}})\,/\,z_{i,j,\text{actual}}\right]^2}{mM}} \tag{6.8}$$

$$z = f(\text{map}, \boldsymbol{u}) \tag{6.9}$$

式中，$z \in \mathbf{R}^M$ 表示目标燃气轮机实测气路参数；m 表示所选操作工况点的数量；M 表示目标燃气轮机实测气路参数的数量。在压气机特性线自适应调整过程中，目标函数 OF 通过执行 Nelder Mead 优化算法（为 MATLAB 内置的非线性无约束优化算法）迭代计算会逐渐趋于最小。当目标函数 OF 在优化过程中逐渐逼近 0 时，计算得到的气路可测参数 $\hat{z}$ 和实测气路参数 z 相吻合，此时可以得到最优的拟合多项式函数系数。

上述压气机特性线图的自适应过程可以有效地消除三方面不确定度：①消除同类型不同燃气轮机之间由制造、安装偏差而引入的不确定度（engine-to-engine variability）；②消除由不同干扰及未知初始条件而引入的不确定度；③消除部件特性线生成时由逐级叠加计算假设所导致的误差。

6.1.3　基于特性线非线性形状自适应的压气机性能诊断

利用机组刚投运或健康时的可测气路参数来自适应修正压气机特性线回归函数的系数，从而使当前热力模型的压气机部件特性线在较大变工况范围内都与机组真实压气机部件特性线相匹配，自适应修正后的燃气轮机热力模型可以作为目标燃气轮机性能预测与诊断的参考模型。图 6.5 所示为燃气轮机热力模型初始全局自适应性能建模和局部自适应性能诊断过程。

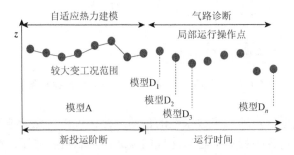

图 6.5　燃气轮机热力模型初始全局自适应性能建模和局部自适应性能诊断过程

对于燃气轮机压气机热力模型特性线的初始自适应调整，需要基于较大变工况范围的所有历史运行数据，用于建立表示实际燃气轮机压气机健康状况下的热力模型，自适应修正后的热力模型作为后续气路诊断的驱动模型，如图 6.5 所示。

气路分析方法已被广泛应用于监测燃气轮机健康状况，并已成为支持视情维修策略的关键技术之一。当部件性能衰退程度较小时，由于气路部件几何形状并未发生显著改变，可以假设性能衰退的压气机的特性线图仍将保持与原来基本一致的形状。此时，气路部件的性能衰退、损伤或故障可以由特性线图上特性线的外部线性偏移来表征。然而当部件性能衰退程度逐渐增大时，实际的部件特性线图必将发生内在的非线性形状变化。此时，采用传统的气路分析方法，诊断误差会不可避免地随着部件性能衰退程度的增大而增大。

本章所提出的压气机特性线自适应方法充分考虑了压气机强非线性的特性，通过自适应修正调整部件特性线图，可以进一步用于压气机性能诊断，如图 6.6 所示。

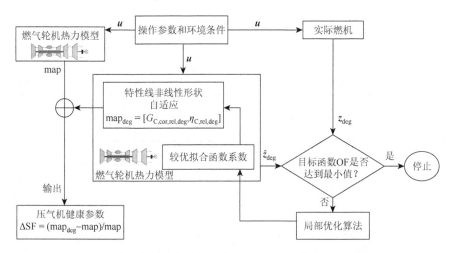

图 6.6　基于特性线非线性形状自适应的压气机性能诊断流程

通常情况下，燃气轮机的总体健康状况可以由部件健康参数（如压气机、透平的流量特性指数和效率特性指数，以及燃烧室的效率特性指数）表示，这些部件健康参数本质上反映了由性能衰退导致的部件特性线的偏移情况。在燃气轮机运行过程中，燃气轮机热力模型可以通过部件特性线自适应修正调整，实时保持跟踪目标燃气轮机的性能健康状况，如图 6.6 所示，通过捕捉实际性能衰退压气机特性线非线性形状变化，诊断得到压气机健康参数。

6.2　基于特性线非线性形状自适应的压气机气路 诊断案例分析

这里选取某型三轴燃气轮机作为目标燃气轮机来验证本章所提出方法的有效性，相关的研究对象燃气轮机描述如 2.4.1 节所述。

　　考虑到该型燃气轮机的机组信息安全，这里采用两个燃气轮机热力模型来验证本章所提方法的有效性。在我们之前研究工作中所建立的该型三轴燃气轮机热力模型作为实际的目标参考燃气轮机，其压气机特性线图是从制造商提供的实验数据中取点整理获得的。该型三轴燃气轮机的另一个热力模型中的低压压气机和高压压气机模型采用了本章所提出的自适应热力建模方法，并作为燃气轮机热力模型。该型燃气轮机的性能设计参数如表 6.1 所示。

表 6.1　该型燃气轮机的性能设计参数

参数	值	单位
大气温度	26.85	℃
相对湿度	0	%
大气压力	1.01325	bar
空气质量流量	81.3	kg/s
LC 压比	4.57	—
HC 压比	4.53	—
LT 转速	7436	r/min
HT 转速	9739	r/min
PT 转速	3273	r/min
热效率	35.38	%
燃料质量流量	1.63	kg/s
发电机输出功率	24265	kW
PT 出口温度	521.46	℃

　　该型燃气轮机的压气机性能设计参数如表 6.2 所示。

表 6.2　压气机性能设计参数

压气机	级数	空气质量流量/(kg/s)	总压比	转速/(r/min)
LC	9	81.3	4.57	7436
HC	9	80.9	4.53	9739

　　基于表 6.2 所示的压气机性能设计参数，通过压气机逐级叠加计算法生成低压压气机特性线，如图 6.7 所示。此外，高压压气机特性线也采用逐级叠加计算法生成。

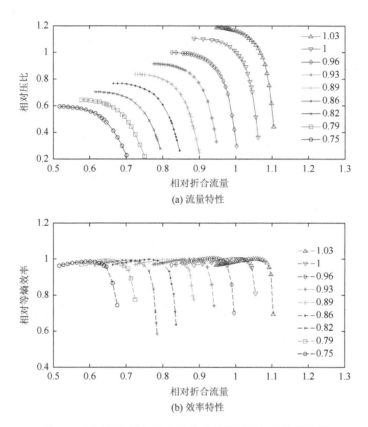

(a) 流量特性

(b) 效率特性

图 6.7　通过逐级叠加计算法生成的低压压气机特性线图

图中右侧图例表示各条相对折合等转速线

图 6.7（a）所示为相对折合转速 $n_{\mathrm{C,cor,rel}}$、相对压比 $\pi_{\mathrm{C,rel}}$ 与相对折合质量流量 $G_{\mathrm{C,cor,rel}}$ 的流量特性关系曲线；图 6.7（b）所示为相对折合转速 $n_{\mathrm{C,cor,rel}}$、相对折合质量流量 $G_{\mathrm{C,cor,rel}}$ 与相对等熵效率 $\eta_{\mathrm{C,rel}}$ 的效率特性关系曲线。其中，

$$n_{\mathrm{C,cor,rel}} = \frac{n}{\sqrt{T_{\mathrm{in}}^{*} R_{\mathrm{g}}}} \bigg/ \frac{n_0}{\sqrt{T_{\mathrm{in}0}^{*} R_{\mathrm{g}0}}} ; \quad G_{\mathrm{C,cor,rel}} = \frac{G\sqrt{T_{\mathrm{in}}^{*} R_{\mathrm{g}}}}{P_{\mathrm{in}}^{*}} \bigg/ \frac{G_0\sqrt{T_{\mathrm{in}0}^{*} R_{\mathrm{g}0}}}{P_{\mathrm{in}0}^{*}} ; \quad \pi_{\mathrm{C,rel}} = \frac{\pi_{\mathrm{C}}}{\pi_{\mathrm{C}0}} ;$$

$\eta_{\mathrm{C,rel}} = \eta_{\mathrm{C}} / \eta_{\mathrm{C}0}$。生成的压气机特性线图通过偏最小二乘回归法拟合，如图 6.8 所示。其中，虚点为通过逐级叠加计算法生成的初始数据点；实线为通过偏最小二乘回归法表达的压气机特性拟合曲线。

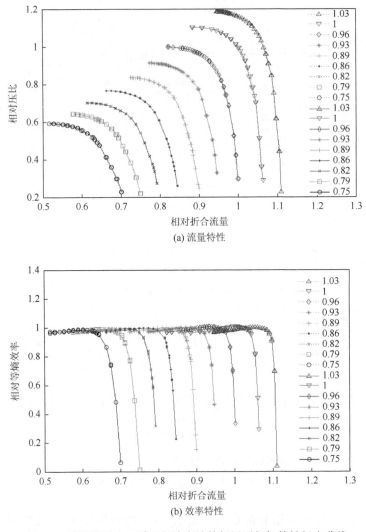

(a) 流量特性

(b) 效率特性

图 6.8　通过偏最小二乘回归法表达的低压压气机特性拟合曲线

在压气机特性线自适应调整过程中，目标函数 OF 通过执行 Nelder Mead 优化算法迭代计算会逐渐趋于最小。基于实际的目标参考燃气轮机的气路测量参数（表 2.8）来同时自适应调整燃气轮机热力模型中低压压气机和高压压气机的特性线图。这里，在相同环境条件不同功率负荷下，采集 6 组实际参考燃气轮机的气路测量参数，用于同时自适应调整低压压气机和高压压气机特性线拟合多项式函数的系数。以下是校验本章所提方法用于性能预测与性能诊断有效性的案例分析。

6.2.1　性能预测案例分析

相同环境条件不同功率负荷下的案例分析，如图 6.9～图 6.11 所示。

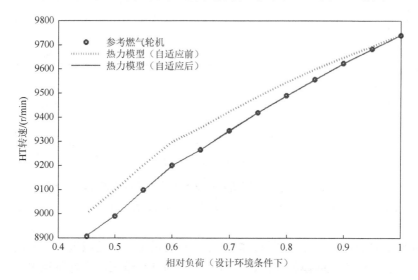

图 6.9　高压压气机转速随相对负荷的变化过程

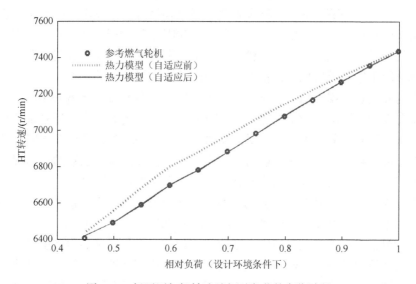

图 6.10　低压压气机转速随相对负荷的变化过程

由图 6.9～图 6.11 可知，燃气轮机热力模型（自适应调整前）的计算误差随着运行操作参数逐渐偏离设计工况点而逐渐增大。经过压气机特性线图的拟合多

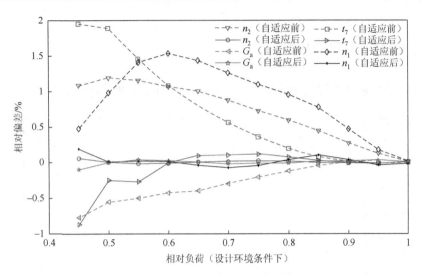

图 6.11　相同环境条件不同功率负荷下的其余参数的相对误差情况

n_2 为低压转子的转速；G_a 为低压压气机入口空气的质量流量；t_7 为动力涡轮出口的烟气温度；n_1 为高压转子的转速

项式函数系数的自适应修正调整，燃气轮机热力模型（自适应调整后）的计算误差减小。燃气轮机性能模型（自适应调整后）的计算结果与实际目标参考燃气轮机的气路可测参数相匹配，其最大的相对误差不超过 1%。此外，由燃气轮机热力模型（自适应调整前）的计算结果表明，基于逐级叠加计算法生成的压气机特性线图用于燃气轮机热力建模后，计算的最大相对误差不超过 2%，表明了逐级叠加计算法的可靠性，燃气轮机热力模型（自适应调整前）的计算误差主要是逐级叠加计算法用于生成压气机完整特性线图所作的简化假设所引起的。

　　不同环境条件相同功率负荷下的案例分析，如图 6.12 和图 6.13 所示。

　　由图 6.12 可知，燃气轮机热力模型（自适应调整前）在不同环境条件相同功率负荷下的计算误差并不明显，最大相对误差小于 0.35%，进一步表明了逐级叠加计算法的鲁棒性。经过压气机特性线图的拟合多项式函数系数的自适应修正调整，燃气轮机热力模型（自适应调整后）的计算误差几乎消除。

　　由图 6.13 可知，燃气轮机热力模型（自适应调整前）的计算误差在 70%设计负荷下随着环境温度变化逐渐增大，但其最大相对误差超过 0.8%。经过压气机特性线图的拟合多项式函数系数的自适应修正调整，燃气轮机热力模型（自适应调整后）的计算误差减小。燃气轮机热力模型（自适应调整后）的计算结果与实际目标参考燃气轮机的气路可测参数相匹配，其最大的相对误差不超过 0.1%。

　　图 6.14 所示为低压压气机和高压压气机特性线图拟合多项式函数系数在自适应前后的变化情况。低压压气机和高压压气机的流量特性与效率特性的拟合多项式函数的最高次幂 h 为 6，因此总共有 112 个拟合多项式函数系数来控制压气机

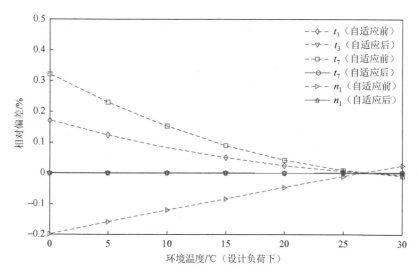

图 6.12　不同环境条件相同功率负荷下的气路可测参数的相对误差情况

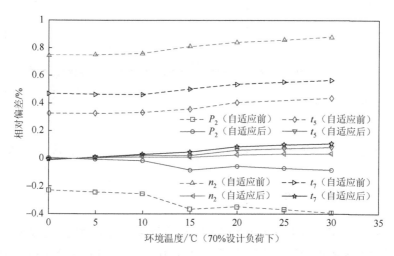

图 6.13　不同环境条件 70% 设计负荷下的气路可测参数的相对误差情况

特性线图的泛化过程与自适应修正过程。这里，系数（编号为 $1 \sim 27$）$a_{G,1}$，$a_{G,2}, \cdots, a_{G,27}$ 为低压压气机流量特性的拟合多项式函数的系数；系数（编号为 $28 \sim 54$）$a_{\eta,1}, a_{\eta,2}, \cdots, a_{\eta,27}$ 为低压压气机效率特性的拟合多项式函数的系数。系数 b_G（编号为 55）为低压压气机流量特性的拟合多项式函数的常数项；系数 b_η（编号为 56）为低压压气机效率特性的拟合多项式函数的常数项；系数（编号为 $57 \sim 83$）$a_{G,1}, a_{G,2}, \cdots, a_{G,27}$ 为高压压气机流量特性的拟合多项式函数的系数；系数（编号为 $84 \sim 110$）$a_{\eta,1}, a_{\eta,2}, \cdots, a_{\eta,27}$ 为高压压气机效率特性的拟合多项式函数的系数。

系数 b_G（编号为 111）为高压压气机流量特性的拟合多项式函数的常数项；系数 b_η（编号为 112）为高压压气机效率特性的拟合多项式函数的常数项。由图 6.14 可知，由于逐级叠加计算法的可靠性，低压压气机和高压压气机特性线图拟合多项式函数系数在自适应前后的变化情况并不明显。通过上述案例分析可知，本章所提出的压气机特性线非线性形状自适应方法可以有效地提高燃气轮机热力模型在较大变工况范围内的计算准确性。该方法基于实际目标燃气轮机的气路可测参数来自适应调整燃气轮机热力模型中压气机特性线拟合多项式函数系数，充分考虑了压气机强非线性特性。

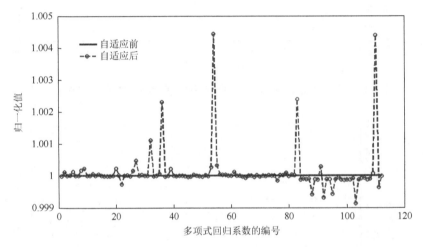

图 6.14　低压压气机和高压压气机特性线图拟合多项式函数系数在自适应前后的变化情况

6.2.2　性能诊断案例分析

利用实际目标参考燃气轮机机组刚投运或健康时的可测气路参数来自适应修正燃气轮机性能模型中压气机特性线回归函数的系数，从而使当前热力模型的压气机部件特性线在较大变工况范围内都与机组真实压气机部件特性线相匹配。自适应修正后的燃气轮机热力模型可以作为目标燃气轮机性能预测与诊断的驱动模型。由于压气机积垢在燃气轮机实际操作过程中是最常见的性能衰退现象，这里采用两个压气机积垢案例来分析本章所提诊断方法的有效性，两个诊断案例都是通过偏移实际目标参考燃气轮机的低压压气机特性线来仿真模拟得到。由于测量噪声在实际的气路测量中是不可避免的，并会对诊断结果造成影响，我们在模拟的气路测量参数中引入了测量噪声来使诊断分析更切合实际。不同测量参数的最大测量噪声基于 Dyson 等[3]所提供的传感器信息，如表 3.3 所示。

　　为减小测量噪声的副作用，在气路测量参数样本输入诊断系统前，需要进行降噪处理。由于测量噪声一般符合高斯分布，这里将连续获取的多个气路测量值，用一个 30 点滚动平均方法来得到一个平均的测量值，如式（3.31）所示。

　　输入的压气机性能衰退情况及诊断结果如表 6.3 所示。

表 6.3　输入的压气机性能衰退情况及诊断结果

诊断案例	LC	流量特性指数/%	效率特性指数/%
	输入	−2	−2
案例 1	诊断	−1.9839	−1.9444
	GPA	−1.8615	−2.0236
	输入	−4	−4
案例 2	诊断	−3.8717	−4.0246
	GPA	−3.8188	−3.8690

　　由表 6.3 所示，本章所提出的基于特性线非线性形状自适应的压气机气路诊断方法可以获得比传统 GPA 更准确的诊断结果。由于两个诊断案例都是通过外部线性偏移实际目标参考燃气轮机的低压压气机特性线图来仿真模拟得到的，当压气机性能衰退程度逐渐增大时，通过传统 GPA 获得的诊断结果误差可能依然可以接受。

　　综上所述，本章提出了一种基于特性线非线性形状自适应的压气机热力建模与性能诊断方法，通过案例分析可以得到以下有意义的结论。

　　（1）本章所提出的压气机特性线生成方法可以应用于未知目标压气机级几何结构参数和没有类似压气机特性线图经验知识的热力建模情况。

　　（2）通过压气机特性线拟合多项式函数系数的自适应修正调整，燃气轮机热力模型的计算误差可以显著减小，计算结果可以与目标参考燃气轮机的气路测量参数在较大变工况范围内相匹配。因此，该压气机特性线图的表达方法可以用于替换燃气轮机热力模型中的原有的简单查表法以及外部线性或准非线性自适应的压气机特性线表达方法。

　　（3）本章所提出的基于特性线非线性形状自适应方法可以有效地用于压气机性能建模与性能诊断，充分考虑了压气机强非线性特征，通过目标参考燃气轮机的气路测量参数可以自适应修正特性线拟合多项式函数的系数。

　　本章所提出的方法可以应用于任意具有轴流式压气机的燃气轮机系统中。在实际应用中，所有燃气轮机部件都会发生性能衰退情况，此时，本章所提出的方法需要进一步扩展至诊断燃气轮机所有主要气路部件中，并且能否同时诊断所有气路部件的有效性需要进一步验证。

参 考 文 献

[1]   Li X，Ying Y L，Wang Y Y，et al. A component map adaptation method for compressor modeling and diagnosis[J]. Advances in Mechanical Engineering，2018，10（3）：1-10.

[2]   Ying Y L，Sun B，Peng S H，et al. Study on the regression method of compressor map based on partial least squares regression modeling[C]. ASME Turbo Expo：Turbine Technical Conference and Exposition. American Society of Mechanical Engineers，Dusseldorf，2014：V01AT01A015.

[3]   Dyson R，Doel D.CF-80 condition monitoring—The engine manufacturing's involvement in data acquisition and analysis[C]. 20th Joint Propulsion Conference，Cincinnati，1984：621-628.

第7章　瞬态变工况下燃气轮机自适应气路故障预测诊断方法研究

7.1　燃气轮机气路故障预测诊断方法研究现状分析

燃气轮机性能健康状况通常可由各主要部件的健康参数，如压气机和透平的流量特性指数（表征部件通流能力）与效率特性指数（表征部件运行效率）及燃烧室的效率特性指数来表示。然而，这些至关重要的健康状况信息不能直接测得，因此不易监测诊断。在燃气轮机运行操作过程中，当某些部件发生性能衰退或损伤时，其部件内在性能参数 x（如压比、质量流量、等熵效率等）会发生改变，并导致外在气路可测参数 z（如温度、压力、转速等）发生变化，故燃气轮机气路诊断是一个由气路可测参数通过热力学耦合关系式求解得到部件性能参数，进而求得部件健康参数 SF，用于评估机组性能健康状况的逆求解的数学过程。

经过多年的发展，气路诊断方法已经取得了许多基于燃气轮机稳态/准稳态工况的诊断算法理论成果，但还没有形成一个完整的科学体系，其中涉及众多复杂的因素，如可变几何部件的广泛应用、机组抽气冷却技术的进步、瞬态变工况下部件健康参数的优化辨识、多维度时序预测模型的有效建立等问题。现今燃气轮机越来越需要在电网支持模式下更灵活地运行（包括频繁变工况及瞬态加减载运行模式，如图 7.1 所示）。

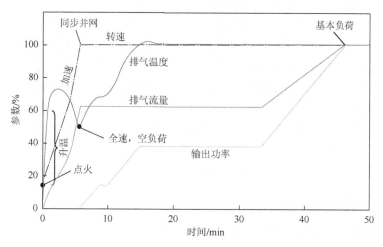

图 7.1　联合循环电厂燃气轮机典型瞬态变工况运行模式

　　在这种瞬态运行模式下，燃气轮机的使用寿命会比基本负荷稳态/准稳态运行时消耗更快，因此，气路诊断方法迫切需要考虑燃气轮机瞬态变工况下诊断与预测的新理论新方法。以上方法理论的提出与应用，为本章所要研究的瞬态变工况下燃气轮机自适应气路故障预测诊断方法提供了重要的理论依据。而这种气路诊断方法，本质上是通过对系统输入-状态-输出强非线性耦合关系从热力学机理上解耦，利用已知的输入、输出参数求解未知的内部状态参数，并引入合理的部件健康评价参数，实现气路故障诊断与预测的目的，究其根本原因是研究对模糊数据进行优化辨识与时序回归的数学手段问题。

　　基于以上分析，本章以解决瞬态变工况下燃气轮机气路故障预测诊断中的基础问题为目的，提出适用于可变几何部件及瞬态变工况运行模式的自适应动态热力建模方法，利用机组实时采集的可测气路参数，进一步提出基于部件特性线非线性形状自适应的气路诊断方法，实时诊断得到各主要部件健康参数，最后提出一种融合各主要部件气路诊断信息的多维度时序预测方法，为实现频繁变工况及瞬态加减载运行模式下故障诊断与预测提出新理论和新方法[1]。

　　燃气轮机是一种输入-状态-输出三者强非线性耦合热力系统，环境条件（如大气温度、压力、相对湿度）和操作条件（如以部分负荷、动态加减载等变工况模式运行）的变化会致使热力系统内部状态（如各部件性能参数）显著变化，这给如何通过有效方法来诊断与预测这种强非线性系统的部件性能衰退、老化、损伤及故障情况提出了艰巨挑战。

　　利用模式识别和机器学习等基于数据驱动（data driven）的人工智能技术，如采用人工神经网络、贝叶斯网络、模糊逻辑、支持向量机和粗糙集理论等方法，如图 7.2 所示，往往需要建立在已有设备故障样本集上，对于样本集中未涉及的故障类型，这些方法通常难以给出准确的诊断结果。

　　对于一种新型或刚投运的燃气轮机，由于缺乏标定的部件故障数据，难以在短时间内建立能够覆盖所有故障类型的完备故障样本集，且通过历史运行经验和现场监测数据来积累故障模式与故障征兆之间的关系知识库是项艰难而费时费力的工作，且不易对故障严重程度作量化评估，制约了模式识别和机器学习等基于数据驱动的人工智能技术的应用。

　　在燃气轮机运行操作过程中，当某些部件发生性能衰退或损伤时，其部件性能参数 x（如压比、质量流量、等熵效率等）会发生改变，并导致气路可测参数 z（如温度、压力、转速等）发生变化，其部件性能与气路可测参数的热力学耦合关系如图 1.2 所示。

　　针对上述问题，基于热力模型的气路诊断方法应运而生，其原理是利用机组可测气路参数 z（如环境条件参数、操作控制参数以及各部件进出口截面处的温度、压力等）通过热力学耦合关系式求解部件性能参数 x（如质量流量、压比/膨

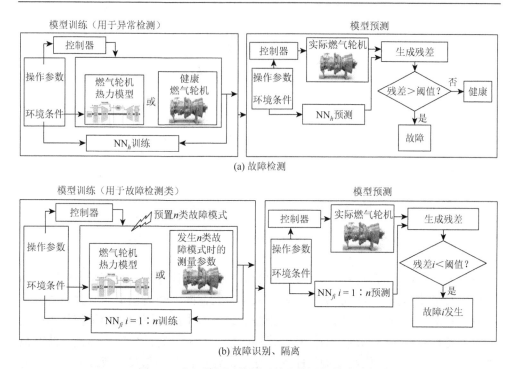

(a) 故障检测

(b) 故障识别、隔离

图 7.2　人工神经网络用于故障检测与故障隔离

胀比、等熵效率等），进而求得部件健康参数 SF（在同一部件特性线图上比较发生性能衰退/损伤情况下的部件运行点与健康情况下的运行点，以此观测特性线偏移的程度。图 7.3 所示为压气机发生性能衰退或损伤时的特性线偏移情况，即得到部件健康参数，如压气机和透平的流量特性指数和效率特性指数、燃烧室的效率特性指数），以此来检测、隔离性能衰退/损伤的部件并量化严重程度。因此，基于热力模型的气路诊断方法相较于传统的燃气轮机热力仿真计算，是一个典型的逆求解的数学过程。

　　基于热力模型的气路诊断方法的特点在于无须积累部件故障样本集，该方法按使用的热力模型可以分为线性方法、非线性方法，其中非线性方法是当前国内外研究的主流趋势。随着热力建模方法的不断进步，模型建模效率和精度都得到了很大提高，基于热力模型的非线性气路诊断方法将是燃气轮机故障诊断与预测领域的一个重要发展方向。

　　在当前的燃气轮机热力建模技术下，热力模型的准确性主要依赖于其部件(压气机和透平)的特性线精度，尤其是压气机部件特性线的准确程度。对于用户，通常因制造商保密原因，很难甚至无法获得相关型号燃气轮机的部件特性线，只能通过已有的其他类型燃气轮机的部件特性线进行比例缩放（scaling）后来使用，

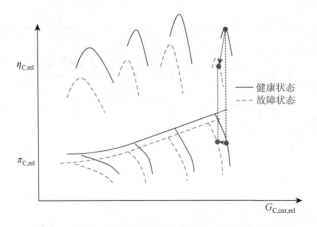

图 7.3　压气机发生性能衰退或损伤时的特性线偏移

致使热力计算误差有时会难以接受。由于热力模型的计算误差有可能与实际发动机性能衰退或损伤而导致的实测气路参数偏差处在同一数量级上，此时热力模型自身的不准确性可能会对气路诊断与预测的结果产生严重影响。为了使热力模型的部件特性线与实际机组的部件特性线相匹配，目前已有的自适应建模方法有很多，最典型的是利用机组实测气路参数通过部件特性线外部线性或准非线性自适应调整的方法来修正热力模型的部件特性线，但对于热力模型中部件流量特性线图和效率特性线图上的每一条等转速线自身并不能实现除整体偏移和旋转之外的非线性形状修正，因此这些自适应方法的建模准确性高度依赖于所用部件特性线与实际机组真实部件特性线形状的相似程度。为尽可能地捕捉热力模型自适应过程中部件特性线的强非线性特征，相关文献提出了一种部件特性线非线性形状自适应方法来修正热力模型的部件特性线。该方法先通过旋转的椭圆形拟合函数来表征压气机特性线以准确刻画其流量特性和效率特性的非线性形状，再利用目标机组的可测气路参数来修正回归函数的各个系数，使之与实际机组部件特性线在较大变工况范围内相匹配，从而提高热力模型的计算准确性，但该方法的适用性目前还受到拟合函数系数初值的选取问题以及自适应过程寻优算法的选取问题这两方面的困扰，且该方法有待进一步拓展至适用于可变几何压气机的燃气轮机热力建模情况。因制造商保密原因，用户通常很难甚至无法获得任何压气机特性线，此时，逐级叠加计算法成为一种用于生成压气机特性线的可靠而有效的手段，其计算过程主要基于一维平均半径处的连续性流动方程和一组通用的级特性曲线。对用户来说，实际机组压气机各叶片级的几何参数通常也是未知的，因此，逐级叠加计算法通常只能采用一套从大量已有叶片级试验数据中拟合得到的通用的级特性曲线来表征实际压气机各级的级特性，而忽略了各个不同级类型（如亚声速级、跨声速级和超声速级）本身具有的不同级特性，因此该方法在热力建模时不可避免地会存在一定程度的误差。以上这些方法理论的提出与发展为本章提出适用于可变几何部件及瞬态变工况运行模式的自适应动态热力建模方法研究可行性打下了理论研究基础。

目前，非线性气路诊断方法主要基于牛顿-拉弗森算法、卡尔曼滤波器算法等局部优化算法或遗传算法、粒子群优化算法等全局优化算法迭代驱动求解，对解决热力系统线性化所导致的诊断可靠性低的内在难题及诊断准确性对传感器测量噪声 v 与偏差、测量参数选择、操作条件及环境条件 u 变化敏感的问题有了长足的发展。然而，当前广泛采用的非线性气路诊断方法的计算过程通常基于“当部件发生性能衰退或损伤程度较小时，由于其几何通道结构并未发生显著变化，其部件（如压气机、燃烧室、透平）特性线通常会保持与原特性线相同的形状”这一假设，即本质上部件性能衰退或损伤情况采用其特性线的外部线性偏移来表征。然而当部件性能衰退或损伤程度较大时，实际部件特性线必然发生非线性形状变化，此时传统气路诊断结果的误差必然会随着实际衰退或损伤程度的增大而扩大。因此，研究一种能充分考虑部件衰退或损伤程度较大时特性线非线性形状自适应的气路诊断方法尤为重要。

在气路故障预测（prognosis）方面，现有预测方法通常基于某一热力学监测参数来开展，如航空发动机的性能状况主要基于飞机在起飞阶段大推力时发动机的排气温度裕度（EGT margin，EGTM）来衡量，通过建立排气温度裕度与起飞次数的时序回归预测模型来预测发动机的性能衰退趋势。这种基于某一热力学监测参数的热力系统时序回归预测方法通常只能给出整机系统的性能衰退趋势，而无法给出详尽的、量化的各主要部件的性能健康指标，且目前广泛采用的时序回归预测方法通常将某一热力学监测参数的全部历史运行数据进行最小二乘意义的线性拟合，得到的高阶多项式 $g(t) = a_1 t^i + \cdots + a_i t + a_{i+1}$ 用于预测机组性能衰退到某一检修阈值前的剩余使用寿命，通常预测的准确性较低。对于新型或刚投运的机组而言，由于历史运行数据量较少且部件性能衰退模式的趋势尚未成型，这样的预测方法准确性会更低。

经过多年的发展，气路故障诊断与预测方法已经取得了许多基于机组稳态/准稳态工况的算法理论成果。现今由于可变几何部件的广泛应用、机组抽气冷却技术的进步，且燃气轮机越来越需要更灵活地运行（包括频繁变工况及瞬态加减载运行模式），对于气路诊断方法我们迫切需要考虑瞬态变工况下诊断与预测的新理论、新方法。

从对国内外研究现状的分析可知，对燃气轮机这种强非线性耦合热力系统的气路诊断方法研究还存在着如下亟待解决的问题。

（1）目前气路诊断方法欠考虑频繁变工况及瞬态变工况运行模式的影响，只适用于固定几何部件的燃气轮机准稳态工况诊断情况，因此，研究一种适用于可变几何部件及瞬态变工况运行模式的自适应动态热力建模方法对提高气路诊断方法适用性和可靠性具有重要意义。

（2）现有气路诊断方法的可靠性和准确性对部件性能衰退或损伤的程度有一定要求，而当衰退或损伤程度较大时，其部件特性线必然会发生非线性形状改变，因此，研究一种能充分考虑部件特性线非线性形状自适应的气路诊断方法显得尤为重要。

（3）当前气路故障预测主要针对整机系统的性能衰退趋势预测，而缺乏详尽的、量化的各主要部件的性能健康指标，给制订恰当合理的优化控制和维修策略带来不便。因此，亟待研究一种融合各主要部件气路诊断信息的多维度时序回归预测方法。

（4）燃气轮机气路故障预测诊断方法研究本质是对模糊数据进行优化辨识与时序回归的数学手段问题。而机理建模、优化辨识及时序回归的一些基础理论和方法仍需要不断地改善，这就决定了本章理论还有许多的研究工作有待开展。

7.2　瞬态变工况下燃气轮机气路故障预测诊断方法研究目标

依据国内外研究现状分析中存在的问题，本章的研究目标是以燃气轮机这种输入-状态-输出强非线性耦合热力系统为研究对象，提出适用于可变几何部件及瞬态变工况运行模式的自适应动态热力建模方法，利用机组实时采集的可测气路参数，进一步提出基于部件特性线非线性形状自适应的气路诊断方法，实时诊断得到各主要部件健康参数，最后提出一种融合各主要部件气路诊断信息的多维度时序回归预测方法，从原理上实现燃气轮机性能分析-诊断-预测方法的有效耦合，探索复杂强非线性热力系统故障诊断领域中的新理论和新方法；在功能上实现详尽的、量化的、准确的各主要部件的气路故障诊断与预测目的，给制订恰当合理的优化控制和维修策略提供理论指导，对推动从预防性维修保养过渡到预测性维修保养的维修理念改革具有重要的理论意义和实践价值。

7.2.1　自适应动态热力建模

采用逐级叠加计算法结合速度三角形原理生成可变几何部件在各可调导叶角度下的部件特性线，对压气机特性线及透平特性线，分别构造合适的回归函数以准确刻画其流量特性和效率特性的非线性形状，再通过合理的等效冷却流量处理方式，建立适用于可变几何压气机与透平且充分考虑机组抽气冷却情况及瞬态变工况运行模式的自适应动态热力模型。

然后利用机组刚投运或健康时的可测气路参数来自适应修正各个部件特性线回归函数的系数，从而使当前热力模型的部件特性线在较大变工况范围内都与机组真实部件特性线相匹配，可以消除三方面不确定度：①消除同类型不同燃气轮机之间由制造、安装偏差而引入的不确定度；②消除由不同干扰及未知初始条件而引入的不确定度；③消除部件特性线生成时由逐级叠加计算假设所导致的误差。我们将自适应修正后的动态热力模型作为后续气路故障预测诊断的驱动模型，如图 7.4 所示，具体研究内容如下。

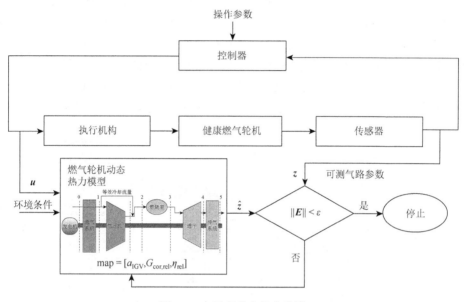

图 7.4　自适应动态热力建模

（1）采用逐级叠加计算法结合速度三角形原理生成可变几何部件在各个可调导叶角度下的部件特性线图（包括流量特性线和效率特性线） $\mathrm{map} = [\alpha_{\mathrm{IGV}}, G_{\mathrm{cor,rel}}, \eta_{\mathrm{rel}}]$。

（2）构造有效的压气机和透平部件特性线（包括流量特性和效率特性）非线性形状的回归函数，以准确刻画其流量特性和效率特性的非线性形状。回归函数的形式越接近于本身部件特性线非线性形状，且复杂度越低，越能保证热力模型计算的实时性和准确性。同时，需要选择有效的拟合算法，根据部件特性线样本信息来对回归函数的系数进行参数估计，拟合精度主要取决于回归函数形式和拟合算法本身。

（3）考虑到机组实际抽气冷却情况，且兼顾热力模型的建模复杂度，结合机组实际气路传感器测点布置位置，采用合理的等效冷却流量的处理方式，建立充分考虑机组抽气冷却情况的部件级燃气轮机热力模型。

（4）利用机组刚投运或健康时的实测气路参数来自适应修正各个部件回归函数的系数，从而使当前热力模型的部件特性线在较大变工况范围内都与机组真实部件特性线相匹配。自适应后的热力模型作为后续气路诊断与预测的驱动模型。

7.2.2　基于特性线非线性形状自适应的气路诊断

当部件发生性能衰退或损伤程度较小时，由于其几何通道结构并未发生显著变化，其部件（如压气机、燃烧室、透平）的特性线通常会保持与原特性线相同的形状，此时的部件性能衰退或损伤情况可以采用其特性线的外部线性偏移来表征，然而当部件的性能衰退或损伤程度逐渐增大时，部件特性线必然会发生形状变化，若继续通过部件特性线的外部线性偏移来表征部件性能衰退情况，则诊断结果的误差必然会随着实际部件性能衰退程度的扩大而增大。针对这一问题，我们研究基于部件特性线非线性形状变化的气路诊断方法，如图 7.5 所示，具体研究内容如下。

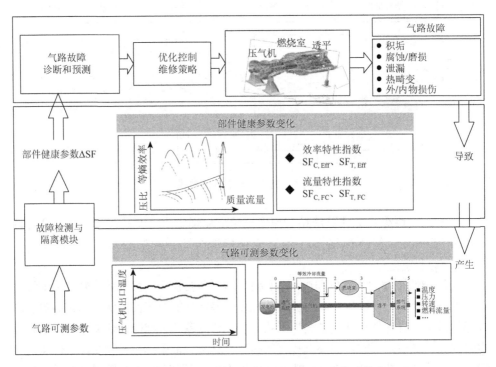

图 7.5　基于部件特性线非线性形状自适应的气路诊断

（1）随着机组运行时间的积累，利用机组可测气路参数通过合适的局部优化算法实时迭代修正各个部件特性线回归函数的系数，以满足部件特性线非线性形状变化的气路诊断方法的要求，使动态热力模型实时更进与实际机组的部件特性相匹配，并实时诊断输出机组各主要部件的健康参数信息。

（2）在诊断过程中，局部优化算法的合理选择对诊断的实时性和准确性尤为重要，需综合考虑部件特性线回归函数系数数目、每次迭代所需机组运行采样点数目及算法本身复杂度等来选取合适的局部优化算法。

7.2.3　基于部件健康参数的多维度时序预测

实时诊断输出机组各主要部件健康参数后，我们结合移动诊断窗口概念，研究基于融合各主要部件气路诊断信息的多维度时序回归预测方法，如图 7.6 所示，以期得到详尽的、量化的、准确的各主要部件的性能健康指标。具体研究内容如下。

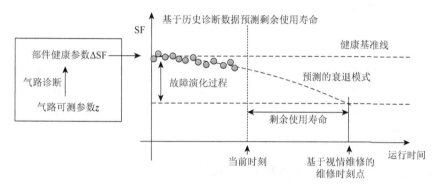

图 7.6　基于部件健康参数的多维度时序回归预测

（1）实时诊断输出目标机组各主要部件的健康参数后，引入移动诊断窗口的概念，将各部件的性能衰退模式分割成许多较小的随时间增长的区域块，此时，在每一局部的诊断窗口区域内，假设各部件的性能衰退模式与运行时间呈线性关系是合理的。为了确保假设的合理性，可以采用一些数据分析方法［如概率密度函数（probability density function，PDF）或偏斜与峭度准则（skewness criterion）等］来研究每一局部诊断窗口区域内的部件健康参数的数据分布情况，由此检验实际衰退模式是否符合上述假设情况。若数据分布情况呈现较大宽度展开的概率密度函数或偏斜符号改变，则需要调整诊断窗口的宽度，或通过增加或减少回归模型的阶次来调整，上述的假设检验原理可以作为自适应调整移动诊断窗口宽度的准则。通过动态诊断窗口不断更新移动，从而实现较大时序范围内机组健康状况的准确预测。

（2）建立各主要部件健康参数的时序回归预测模型后，根据各部件健康参数对整机系统性能影响的权重情况，可以得到整机系统的性能衰情况，从而得到详尽的、量化的、准确的各主要部件及整体系统的性能健康指标，实现准确预测某一部件的性能衰退到某一检修阈值前的剩余使用寿命，以及预测未来时序内的部件及整体系统性能衰退情况（故障演化过程）的目的，以便及时制订恰当有效的维修策略，提供运行优化指导，为整机的小修、中修、大修的全寿命周期有效管理提供理论依据。

本节研究内容的重点在于：基于逐级叠加计算法的变几何部件特性线的生成；部件特性线非线性形状的回归函数构造及拟合算法选择；充分考虑机组抽气冷却情况的部件级燃气轮机动态热力建模；基于 ISO 2314 准则（燃气轮机验收测试国际标准）的等效冷却流量的处理方法；基于部件特性线非线性形状自适应的气路诊断方法中局部优化算法的选择；基于部件健康参数的多维度时序回归预测方法中移动诊断窗口宽度的确定及回归模型中阶次调整等。

7.3　瞬态变工况下燃气轮机气路故障预测诊断方法亟待解决的关键问题

瞬态变工况下燃气轮机自适应气路故障预测诊断方法研究，本质是对模糊数据进行优化辨识与时序回归的数学手段问题，其许多基础理论和方法还存在一定的问题有待进一步研究。针对瞬态变工况下燃气轮机气路故障预测诊断的研究背景，需要解决的关键问题如下。

7.3.1　自适应动态热力模型的有效建立

本章所涉及的研究对象，是瞬态变工况下燃气轮机这种强非线性热力系统，因此，研究适用于可变几何部件及瞬态变工况运行模式的自适应动态热力建模方法，是瞬态变工况下燃气轮机气路故障预测诊断需要解决的关键问题之一，其中包括以下三方面内容。

1. 可变几何部件特性线的生成问题

燃气轮机热力模型的准确性主要依赖于其部件特性线的准确程度。因制造商保密原因，用户通常很难甚至无法获取相关型号燃气轮机的部件特性线。因此，逐级叠加计算法成为一种用于生成部件特性线的有效手段，其计算过程主要基于一维平均半径处的连续性流动方程和一组通用的级特性曲线。燃气轮机部件的某一级或几级可调导叶通常会随着运行工况关小或开大，因此，为使热力模型适用于瞬态变工况运行模式要求，需要生成变几何部件特性线。如何将固定几何的通用的级特性曲线基于速度三角形原理扩展至可变几何的级特性计算，是本章需要解决的问题之一。

2. 部件特性线回归函数的构造及拟合算法选择

构造有效的压气机和透平部件特性线（包括流量特性和效率特性）非线性形

状的回归函数是为准确刻画其流量特性和效率特性的非线性形状。回归函数的形式越接近于本身部件特性线非线性形状，且复杂度越低，就越能保证热力模型计算的实时性和准确性。同时，需要选择有效的拟合算法，根据部件特性线样本信息对回归函数的系数进行参数估计，拟合精度主要取决于回归函数形式和拟合算法本身。因此，如何合理构造回归函数及选择合适的拟合算法，是该部分内容难点，也是需要解决的关键问题之一。

3. 基于 ISO 2314 准则的等效冷却流量处理问题

考虑到机组实际抽气冷却情况且兼顾热力模型的复杂度，基于详细通流设计的一维热力建模方法无法满足计算实时性的要求。基于 ISO 2314 准则（燃气轮机验收测试国际标准），采用等效冷却流量的处理方式进行热力建模，不但可以起到简化模型的作用，而且压气机级间抽气和透平级间冷却情况并不会破坏压气机和透平部件特性线的整体性。然而等效冷却流量的处理方式会导致热力模型中某些部件的进出口气路参数具有"等效"的意义，不再与机组实际气路传感器测点布置位置处的实测参数相对应，这为后续利用目标机组的实测气路参数来自适应修正热力模型以及实现部件气路诊断与预测带来困难。因此，如何合理地处理等效冷却流量，使热力模型中各个部件的进出口气路参数及部件本身特征与机组实测气路参数及部件特征尽可能一一对应，是瞬态变工况下燃气轮机气路故障预测诊断需要解决的关键问题之一。

7.3.2　部件健康参数的优化辨识

瞬态变工况下燃气轮机气路故障预测诊断所涉及的气路故障诊断，是基于部件特性线非线性形状自适应的，一方面要求诊断算法确保在部件性能衰退或损伤程度较大范围内的可靠性和准确性，如利用机组可测气路参数通过合适的优化算法自适应修正各个部件特性线回归函数的系数，使动态热力模型的部件特性时时更进与实际目标机组的部件特性相匹配，诊断输出目标机组各主要部件的健康参数情况；另一方面要求诊断算法能够随着机组部分负荷以及动态加减载模式运行而实时动态跟踪，诊断输出部件健康参数。这就要求部件健康参数的优化辨识需要选择合理的局部优化算法来确保诊断实时性。局部优化算法的合理选择对诊断实时性和准确性尤为重要，这里需要综合考虑部件特性线回归函数系数数目、每次迭代所需机组运行工况点数目及算法本身复杂度等来选取。因此，提出高效可靠的气路诊断驱动算法是该部分内容难点，也是瞬态变工况下燃气轮机气路故障预测诊断需要解决的关键问题之一。

7.3.3 多维度时序预测模型的建立

本章所涉及的气路故障预测，是基于部件健康参数的。为得到详尽的、量化的、准确的各主要部件的性能健康预测指标，如何建立一种既能评估整机系统又能充分评估各主要部件性能健康状况的多维度时序预测方法是瞬态变工况下燃气轮机气路故障预测诊断的关键问题之一，其中包括以下两个内容。

1. 移动诊断窗口宽度的确定

目前广泛采用的气路故障预测方法通常将某一热力学监测参数的全部历史运行数据进行最小二乘意义的线性拟合，得到的高阶多项式用于预测机组性能衰退到某一检修阈值前的剩余使用寿命，通常预测的准确性较低，且对于新型或刚投运的机组而言，由于历史运行数据量较少且部件性能衰退模式的趋势尚未成型，这样的预测方法准确性会更低。在机组小修、中修、大修的全寿命周期管理过程中，引入移动诊断窗口概念的目的是将各主要部件的性能衰退模式分割成许多较小的随时间增长的区域块，此时，在每一局部的诊断窗口区域内，假设各部件的性能衰退模式与运行时间呈线性关系通常是合理的，可以降低时序回归预测模型的复杂度，用于准确预测未来较短时序内的部件性能衰退情况，并通过动态窗口不断更新移动，从而实现较大时序范围内部件健康状况的准确预测。移动诊断窗口宽度选取过大时，可能需通过增加预测模型的阶次来调整至与实际性能衰退模式相符；移动诊断窗口宽度选取过小时，局部诊断窗口区域内的部件健康参数样本信息较少，会降低预测模型的可靠性和准确性。因此，通过数据分析方法来自适应调整移动诊断窗口宽度是瞬态变工况下燃气轮机气路故障预测诊断拟解决的关键问题之一。

2. 各部件健康参数对整机系统性能影响的权重问题

建立各主要部件健康参数的时序回归预测模型后，需要根据各部件健康参数对整机系统性能影响的权重情况，来建立整体系统的性能衰退预测模型，从而得到详尽的、量化的、准确的各主要部件及整机系统的性能健康预测指标，实现准确预测某一部件的性能衰退到某一检修阈值前的剩余使用寿命，以及预测未来时序内的部件及整体系统性能衰退情况的目的，以便及时制订恰当有效的部件维修策略。如何确定各部件健康参数对整机系统性能影响的权重情况，是瞬态变工况下燃气轮机气路故障预测诊断拟解决的另一个关键问题。

7.4 瞬态变工况下燃气轮机气路故障预测诊断方法技术路线

本章将一种新理论、新方法应用于研究对象——瞬态变工况下燃气轮机这种强非线性热力系统中,并将理论分析与仿真/实验验证相结合,利用一些相关学科的现有理论与技术方法进行一定程度的改进,针对瞬态变工况下燃气轮机自适应气路故障预测诊断方法研究这一问题,进行自适应动态热力建模方法、部件健康参数的优化辨识与多维度时序预测方法的研究。通过仿真验证与实验验证,同时与传统的方法进行对比,本章的瞬态变工况下燃气轮机自适应气路故障预测诊断方法的具体研究思路和方法如图7.7所示。

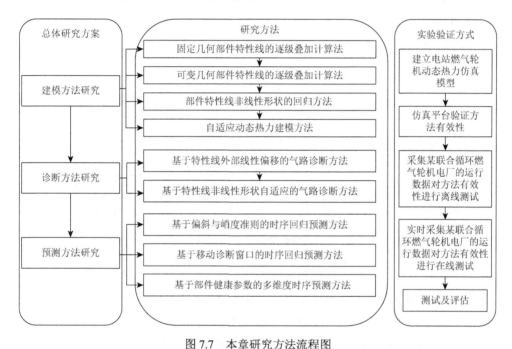

图 7.7　本章研究方法流程图

由图 7.7 可知,本章研究具体主要涉及的方法包括可变几何部件特性线的逐级叠加计算法、部件特性线非线性形状的回归方法、基于 ISO 2314 准则的等效冷却流量热力建模方法、基于部件特性线外部线性偏移的气路诊断方法、基于部件特性线非线性形状自适应的气路诊断方法、基于部件健康参数的多维度时序预测方法,具体的研究思路和方法如下。

7.4.1　自适应动态热力建模方法技术路线

1. 可变几何部件特性线的逐级叠加计算法技术路线

在燃气轮机热力建模方面,模型准确性主要依赖于其压气机特性线的准确程度。因制造商保密原因,用户通常很难甚至无法获取相关型号燃气轮机的部件特性线。因此，逐级叠加计算成为一种用于初步生成压气机特性线的可靠而有效的手段。其计算过程基于一维平均半径处的连续性流动方程和一组通用的级特性曲线，该组从大量已有压气机级（亚声速级、跨声速级和超声速级）试验数据中拟合得到的通用的级特性曲线可用于表示目标压气机各级的级特征，如图 6.1 所示。图 6.1 阐述了压气机级相对压力系数 ψ^*（$\psi^* = \psi / \psi_0$）和相对流量系数 ϕ^*（$\phi^* = \phi / \phi_0$）与相对等熵效率 η^*（$\eta^* = \eta / \eta_0$）和相对流量系数 ϕ^* 的关系。整个压气机的特性线可由第一级至最后一级利用通用的级特性曲线逐级叠加计算法得到，如图 7.8 所示。

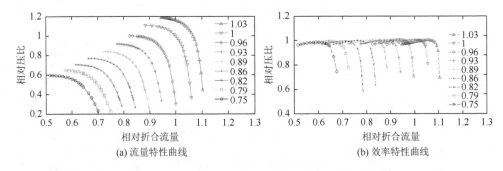

(a) 流量特性曲线　　　　　　　　　　(b) 效率特性曲线

图 7.8　通过逐级叠加计算法得到压气机特性线

图中右侧图例表示各条相对折合等转速线

　　由于燃气轮机通常受调控而以部分负荷以及瞬态加减载模式运行，压气机的第一级或前几级可调导叶通常会随着运行工况关小或开大，如 AE94.2 的压气机的第一级进口导叶为可调，AE94.3A 压气机的前两级进口导叶为可调。对于一台设计优良的轴流式压气机，在不同运行工况下，通过调控（如通过第一级或前几级可调导叶或级间放气等手段）会使气流进入各级动叶的冲角近似相等，此时各级流量系数 ϕ 与静叶绝对出口气流角 α_1 理论上满足

$$d\left(\frac{1}{\phi}\right) = d(\tan \alpha_1) \tag{7.1}$$

　　通常压气机级动叶相对出口气流角和级效率近似仅是气流进入动叶的冲角的函数，此时流量系数 ϕ 与压力系数 ψ 满足以下关系式：

$$\frac{\psi}{\phi} = 常数 \tag{7.2}$$

　　式（7.1）和式（7.2）可以用图 7.9 所示的级速度三角形推导得到。

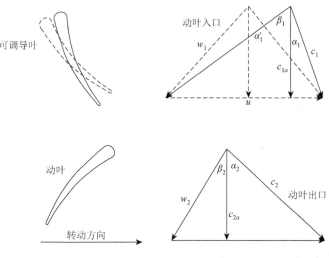

图 7.9　压气机级的速度三角形

基于固定几何的通用的级特性曲线（图 6.1），并结合式（7.1）和式（7.2）可以用于变几何级（如上一级的静叶绝对出口气流角改变）的特性计算。此外，通过逐级叠加计算法可以方便地考虑级间抽气（用于透平端冷却）、放气（用于压气机防喘振）的热力建模情况。

此部分的研究重点在于，基于固定几何的通用的级特性曲线结合速度三角形原理推导出可变几何的通用的级特性曲线，并通过第一级至最后一级逐级叠加计算得到可变几何压气机与透平在各个可调导叶角度下的部件特性线图。

2. 压气机和透平特性线非线性形状的回归方法技术路线

构造有效的压气机和透平部件特性线（包括流量特性和效率特性）非线性形状的回归函数的目的是准确刻画其流量特性和效率特性的非线性形状。回归函数（如旋转的椭圆形拟合函数、偏最小二乘拟合等）的形式越接近本身部件特性线非线性形状，且复杂度越低，就越能保证热力模型计算的实时性和准确性。这里还需要强调的是，构造的回归函数除了保证部件特性线本身的拟合精度外，还需要保证优良的泛化（即内插和外推）能力。

对于压气机，其特性线非线性形状回归如图 7.10 所示。

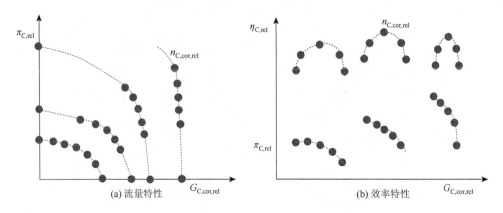

图 7.10　压气机特性线非线性形状回归

压气机流量特性的回归函数可取 $\left(\dfrac{G_{\mathrm{C,cor,rel}}}{a_{\pi_{\mathrm{c}}}}\right)^2 + \left(\dfrac{\pi_{\mathrm{C,rel}}}{b_{\pi_{\mathrm{c}}}}\right)^2 = 1$，其中回归函数系数表达成相对折合转速 $n_{\mathrm{C,cor,rel}}$ 的函数关系，如 $a_{\pi_{\mathrm{c}}} = w_1 n_{\mathrm{C,cor,rel}}^{w_2}$，$b_{\pi_{\mathrm{c}}} = w_3 n_{\mathrm{C,cor,rel}}^{w_4}$。

效率特性的回归函数可取 $\left(\dfrac{G_{\mathrm{C,cor,rel}} - x_0}{a_{\eta_{\mathrm{c}}}}\right)^2 + \left(\dfrac{\eta_{\mathrm{C,rel}}}{b_{\eta_{\mathrm{c}}}}\right)^2 = 1$，其中回归函数系数表达成相对折合转速 $n_{\mathrm{C,cor,rel}}$ 的函数关系，如 $b_{\eta_{\mathrm{c}}} = w_5 n_{\mathrm{C,cor,rel}}^2 + w_6 n_{\mathrm{C,cor,rel}} + w_7$。

对于燃气发生器涡轮，其特性线非线性形状回归如图 7.11 所示。

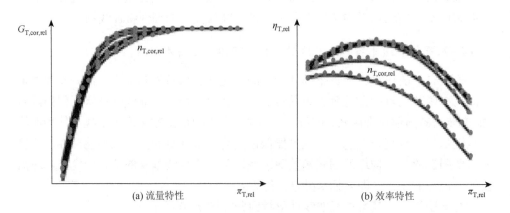

图 7.11　燃气发生器涡轮特性线非线性形状回归

燃气发生器涡轮流量特性的回归函数可取 $G_{\mathrm{T,cor,rel}} = a_{\pi_t}\pi_{\mathrm{T,rel}}^5 + b_{\pi_t}\pi_{\mathrm{T,rel}}^4 +$ $c_{\pi_t}\pi_{\mathrm{T,rel}}^3 + d_{\pi_t}\pi_{\mathrm{T,rel}}^2 + e_{\pi_t}\pi_{\mathrm{T,rel}} + f_{\pi_t}$；效率特性的回归函数可取 $\eta_{\mathrm{T,rel}} = a_{\eta_t}\sin(b_{\eta_t}\pi_{\mathrm{T,rel}} + c_{\eta_t})$，其中每个回归函数系数表达成相对折合转速 $n_{\mathrm{T,cor,rel}}$ 的多项式形式。

对于动力涡轮，其特性线非线性形状回归如图 7.12 所示。

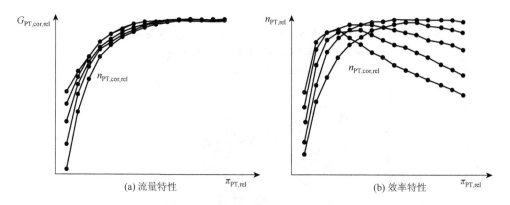

(a) 流量特性　　　　　　　　　　　　　　(b) 效率特性

图 7.12　动力涡轮特性线非线性形状回归

动力涡轮流量特性的回归函数可取 $G_{\mathrm{PT,cor,rel}} = a_{\pi_{pt}}\pi_{\mathrm{pt,rel}}^4 + b_{\pi_{pt}}\pi_{\mathrm{pt,rel}}^3 + c_{\pi_{pt}}\pi_{\mathrm{pt,rel}}^2$ $+ d_{\pi_{pt}}\pi_{\mathrm{pt,rel}} + e_{\pi_{pt}}$；效率特性的回归函数可取 $\eta_{\mathrm{PT,rel}} = a_{\eta_{pt}}e^{b_{\eta_{pt}}\pi_{\mathrm{pt,rel}}} + c_{\eta_{pt}}e^{d_{\eta_{pt}}\pi_{\mathrm{pt,rel}}}$，其中每个回归函数系数表达成相对折合转速 $n_{\mathrm{PT,cor,rel}}$ 的多项式形式。

本部分的研究重点在于，针对压气机和透平部件特性线（包括流量特性和效率特性）非线性形状，构造合理的回归函数。同时，需要选择有效的拟合算法，根据部件特性线样本信息对回归函数的系数进行参数估计，拟合精度主要取决于回归函数形式和拟合算法本身。

3. 基于 ISO 2314 准则的等效冷却流量处理方法技术路线

对于电站燃气轮机，如 AE94.3A 重型燃气轮机（图 7.13），压气机有 5 个抽气点［其中 3 个（Ea1~Ea3）为从外缸流出的外部流路，2 个（Ei1、Ei2）为从内部轮盘打孔抽出的内部流路］，此外还有 2 个流路（Ea4、KE）（从压气机出口引出为第一级透平叶片提供冷却空气），用于透平热通流端的冷却。

考虑到机组实际抽气冷却情况且兼顾热力模型的复杂度，基于详细通流设计的一维热力建模方法无法满足计算实时性的要求。基于 ISO 2314 准则，采用等效冷却流量的处理方式进行热力建模，如图 7.14 所示，不但可以达到简化模型的目的，保证计算实时性，而且压气机级间抽气和透平级间冷却情况并不会破坏压气机和透平部件特性线的整体性，为后续气路诊断带来便利。

然而等效冷却流量的处理方式会导致热力模型中某些部件的进出口气路参数具有"等效"的意义，不再与机组实际气路传感器测点布置位置处的实测参数相对应，这为后续利用目标机组的实测气路参数来自适应修正动态热力模型以及实现部件气路诊断带来困难。

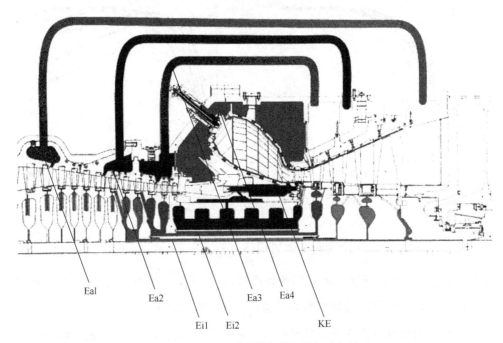

图 7.13　AE94.3A 重型燃气轮机抽气冷却情况

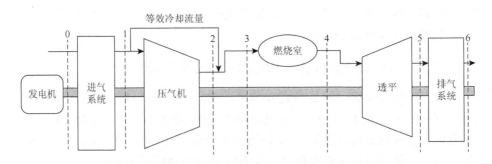

图 7.14　基于 ISO 2314 准则的等效冷却流量处理方法

以图 7.14 所示的等效冷却流量处理方式为例，为使热力模型中各个部件的进出口气路参数及部件本身特征与机组实测气路参数及真实部件特征尽可能——对应，等效冷却流量的简化过程可以遵循以下原则：

（1）压气机进出口 1、2 截面处压力、温度、流量、工质组分与机组真实情况相同；

（2）压气机耗功与真实情况相同；

（3）透平进口 4 截面处的工质组分与透平出口 5 截面处排气相同；

（4）透平出口 5 截面处压力、温度、流量、工质组分与机组真实情况相同；

（5）透平出力与机组真实情况相同。

按上述等效冷却流量处理原则，可以得到图 7.15 所示的焓熵图（其中，1～2 为压气机压缩耗功过程，2～4 为燃烧室燃烧过程，4～5 为透平膨胀做功过程），此时，热力模型中 0、1、2、5、6 截面处的压力、温度、流量、工质组分与机组真实情况相同。

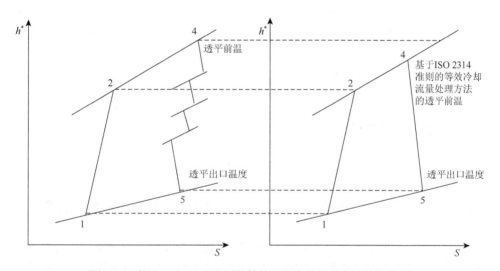

图 7.15　基于 ISO 2314 准则的等效冷却流量处理方法的焓熵图

此外，与稳态热力模型不同的是，动态热力模型增加了以容积惯性、热惯性和转动惯性为主的一阶微分方程，燃气轮机动态热力模型由一阶微分方程与代数方程组表示。

此部分的研究重点在于，如何根据目标机组的类型及气路传感器测点布置位置采用合理的等效冷却流量热力建模方法，为后续利用目标机组的实测气路参数来自适应修正动态热力模型（图 7.16）以及实现部件气路诊断打下基础。图 7.16 中，$OF = \sqrt{\sum_{i=1}^{m}\sum_{j=1}^{M}\left(\dfrac{\hat{z}_{i,j} - z_{i,j}}{z_{i,j}}\right)^2}$，$m$ 为运行操作点数目，M 为气路可测参数数目。

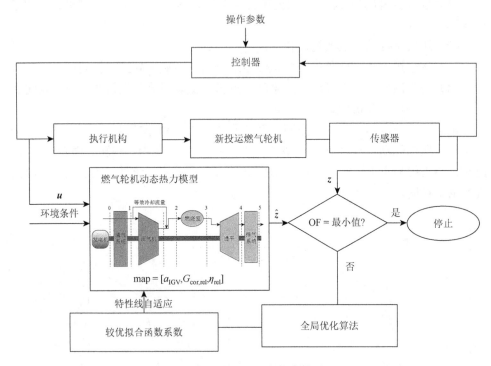

图 7.16 自适应动态热力模型

7.4.2 基于部件特性线非线性形状自适应的气路诊断方法技术路线

本章所涉及的气路诊断，是基于部件特性线非线性形状变化的，一方面要求诊断算法确保在部件性能衰退或损伤程度较大范围内的可靠性和准确性，如利用机组实测气路参数通过合适的优化算法自适应修正各个部件特性线拟合函数的系数，使热力模型的部件特性时时更进与实际目标机组的部件特性相匹配，诊断输出目标机组各主要部件的健康参数情况，如图 7.17 所示。

燃气轮机的各类气路故障如图 7.18 所示，且各类气路故障对部件通流能力与运行效率的影响如表 7.1 所示。

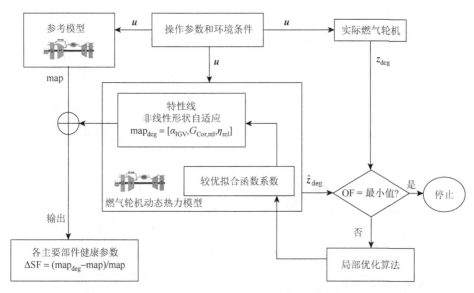

图 7.17　基于部件特性线非线性形状自适应的气路诊断方法

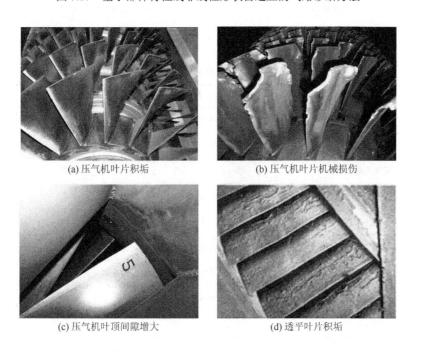

(a) 压气机叶片积垢　　　　　　　　　　(b) 压气机叶片机械损伤

(c) 压气机叶顶间隙增大　　　　　　　　(d) 透平叶片积垢

(e) 涡轮叶片磨损

(f) 涡轮叶片机械损伤

(g) 涡轮叶片热腐蚀(1)

(h) 涡轮叶片热腐蚀(2)

图 7.18　燃气轮机的各类气路故障

表 7.1　各类气路故障对部件通流能力与运行效率的影响

气路故障	部件通流能力	部件运行效率	类别
压气机积垢	$SF_{C,FC}$ 减小	$SF_{C,EF}$ 减小	渐变
压气机磨损	$SF_{C,FC}$ 减小	$SF_{C,EF}$ 减小	渐变
压气机腐蚀	$SF_{C,FC}$ 减小	$SF_{C,EF}$ 减小	渐变
压气机动叶摩擦	$SF_{C,FC}$ 减小	$SF_{C,EF}$ 减小	渐变
涡轮积垢	$SF_{T,FC}$ 减小	$SF_{T,EF}$ 减小	渐变
涡轮磨损	$SF_{T,FC}$ 增大	$SF_{T,EF}$ 减小	渐变
涡轮腐蚀	$SF_{T,FC}$ 减小	$SF_{T,EF}$ 减小	渐变
涡轮动叶摩擦	$SF_{T,FC}$ 增大	$SF_{T,EF}$ 减小	渐变
热畸变	$SF_{T,FC}$ 增大	$SF_{T,EF}$ 减小	渐变
内/外物损伤	$SF_{F,FC}$ 减小、$SF_{T,FC}$ 减小	$SF_{C,EF}$ 减小、$SF_{T,EF}$ 减小	突变

另一方面要求诊断驱动算法能够随着机组频繁变工况以及动态加减载模式运行而实时动态跟随，诊断输出部件健康参数。这就要求部件健康参数的优化辨识

需要选择合理的局部优化算法来确保诊断实时性。局部优化算法的合理选择对诊断实时性和准确性尤为重要，这里需要综合考虑部件特性线回归函数系数数目、每次迭代所需机组运行工况点数目及诊断驱动算法本身复杂度等来选取。因此，提出高效可靠的气路诊断方法是此处的研究难点，也是瞬态变工况下燃气轮机气路故障预测诊断需要解决的关键问题之一。

7.4.3　基于部件健康参数的多维度时序预测方法技术路线

1. 基于偏斜与峭度准则的时序回归预测方法技术路线

实时诊断得到各主要部件健康参数后，可以预测某一部件性能衰退到某一检修阈值前的剩余使用寿命，以及预测未来时序内的部件性能衰退情况，以便及时制订恰当有效的维修策略，如图 7.6 所示。

在运行初期，部件健康参数衰退情况通常与时间呈线性关系，此时可用如下线性时序回归模型来预测未来状况：

$$SF(t) = a_1 t + a_2 \tag{7.3}$$

随着运行，可用如下更高阶的多项式时序回归模型来预测未来状况：

$$SF(t) = a_1 t^i + \cdots + a_i t + a_{i+1} \tag{7.4}$$

为确保时序回归模型中多项式阶次的合理性，可以采用一些数据分析方法（如概率密度函数或偏斜与峭度准则等）来研究部件健康参数的数据分布情况，由此检验实际衰退模式是否符合上述假设情况。若数据分布情况呈现较大宽度展开的概率密度函数或偏斜符号改变（图 7.19），则需要通过增加或减少回归模型的阶次来调整（图 7.20）。

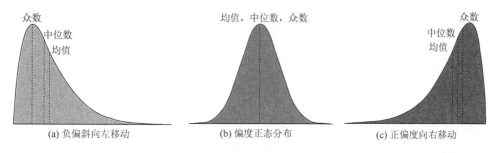

图 7.19　偏斜与峭度准则

如图 7.20 所示，优化目标根据偏斜与峭度准则来调整时序回归模型中多项式的阶次与拟合系数的数值。一旦建立准确的部件健康参数衰退模式的时序回归预测模型，就可以预测未来状况。

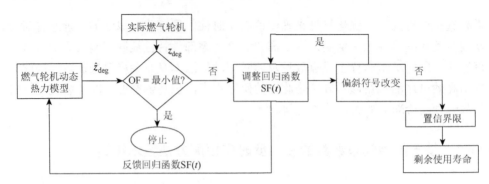

图 7.20　基于偏斜与峭度准则的时序回归预测方法

2. 基于移动诊断窗口的时序回归预测方法技术路线

实时诊断输出目标机组各主要部件的健康参数后，引入移动诊断窗口的概念，将各部件的性能衰退模式分割成许多较小的随时间增长的区域块，此时，在每一局部的诊断窗口区域内，假设各部件的性能衰退模式与运行时间呈线性关系 $SF(t) = a_1 t + a_2$ 是合理的。为了确保假设的合理性，可以采用数据分析方法（如概率密度函数、偏斜与峭度准则、加速度检测 $a = d^2 SF / dt^2$ 等）来研究每一局部诊断窗口区域内的部件健康参数的数据分布情况，由此检验实际衰退模式是否符合上述假设情况。若数据分布情况呈现较大宽度展开的概率密度函数或偏斜符号改变，或加速度 a 改变，则需要调整诊断窗口的宽度，或通过增加或减少回归模型的阶次来调整，上述的假设检验原理可以作为自适应调整移动诊断窗口宽度的准则，通过动态诊断窗口不断更新移动，从而实现较大时序范围内机组健康状况的准确预测，如图 7.21 所示。

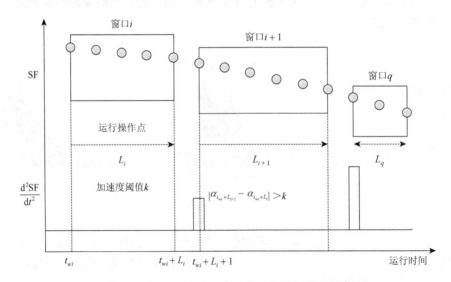

图 7.21　基于移动诊断窗口的时序回归预测方法

此时，在每一局部的诊断窗口区域，部件健康参数与运行时间呈线性关系 $SF(t) = a_1 t + a_2$，$t \in \left[t_{w_i}, t_{w_i} + L_i \right]$ 的假设是合理的。

此处的研究重点在于，如何通过数据分析方法来自适应调整移动诊断窗口宽度，使局部的诊断窗口区域部件的性能衰退模式与运行时间呈线性关系。

3. 多维度时序预测方法技术路线

建立各主要部件健康参数的时序回归预测模型后，需要根据各部件健康参数对整机系统性能影响的权重情况，来建立整机系统的性能衰退预测模型，从而得到详尽的、量化的、准确的各主要部件及整机系统的性能健康预测指标，如式(7.5)所示，实现准确预测某一部件的性能衰退到某一检修阈值前的剩余使用寿命，以及预测未来时序内的部件及整体系统性能衰退情况（故障演化过程）的目的，以便及时制订恰当有效的部件维修策略。

$$SF(t) = \begin{bmatrix} SF_{C,FC}(1), SF_{C,FC}(2), \cdots, SF_{C,FC}(i), \cdots \\ SF_{C,EF}(1), SF_{C,EF}(2), \cdots, SF_{C,EF}(i), \cdots \\ SF_{B,EF}(1), SF_{B,EF}(2), \cdots, SF_{B,EF}(i), \cdots \\ SF_{T,FC}(1), SF_{T,FC}(2), \cdots, SF_{T,FC}(i), \cdots \\ SF_{T,EF}(1), SF_{T,EF}(2), \cdots, SF_{T,EF}(i), \cdots \end{bmatrix} \qquad (7.5)$$

此处的研究重点在于，如何通过各部件健康参数与整机系统的热力学耦合关系确定各主要部件的健康参数对整机系统性能影响的权重情况，以及突变故障（如内/外物损伤）发生时或停机检修后如何来重新配置部件健康参数的时序回归预测模型，如图 7.22 所示。

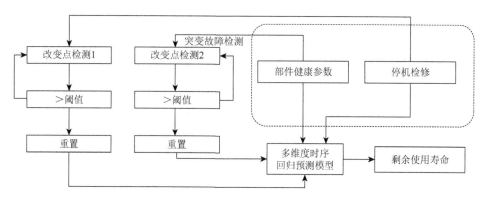

图 7.22　基于部件健康参数的多维度时序预测

　　本章针对燃气轮机这种强非线性热力系统，提出了一种瞬态变工况下自适应气路故障预测诊断方法，特色与创新之处总结如下。

　　（1）本章所提方法从空气动力学与热力学机理出发，基于部件特性线非线性形状自适应来实现燃气轮机性能分析-诊断-预测三者方法的有效耦合，是瞬态变工况下燃气轮机气路故障预测诊断的特色。

　　（2）自适应动态热力建模方法和基于部件特性线非线性形状自适应的气路诊断方法以及基于部件健康参数的多维度时序预测方法，都是复杂强非线性热力系统故障诊断与预测领域中的新理论和新方法，改进后的非线性气路诊断方法适用于除启停外的较大瞬态/稳态变工况，是瞬态变工况下燃气轮机气路故障预测诊断的创新内容之一。

　　（3）本章所提方法能在燃气轮机频繁变工况及瞬态加减载运行模式得到详尽的、量化的、准确的各主要部件的性能健康指标，实现准确预测某一部件的性能衰退到某一检修阈值前的剩余使用寿命，以及预测未来时序内的部件及整体系统性能衰退情况（故障演化过程）的目的，给制订恰当合理的优化控制和维修策略提供理论指导，是瞬态变工况下燃气轮机气路故障预测诊断的另一个创新内容。

参 考 文 献

[1]　应雨龙, 李靖超, 庞景隆, 等. 基于热力模型的燃气轮机气路故障预测诊断研究综述[J]. 中国电机工程学报, 2019, 39（3）: 731-743.

第8章 基于二次特征提取的燃气轮机气路故障诊断可视化研究

8.1 基于熵特征提取的燃气轮机气路故障诊断可视化方法

8.1.1 基于熵特征的二次特征提取方法

由第 4 章基于热力模型与灰色关联理论的燃气轮机部件气路故障模式识别分析可知，为了有效地识别性能衰退的部件，首先需分析气路可测参数 z 相对于部件健康参数 ΔSF 的敏感性，从而来选取可作为衰退模式识别的特征参数。由表 3.2 气路测量参数对部件健康参数的敏感度分析可知，对于某型三轴燃气轮机可以选取如下的气路可测参数 Δz 用于进一步提取二次特征，以便用于气路故障模式识别可视化：

$$\Delta z = \frac{z - z_0}{z_0} \times 100\%$$

$$= \left[\Delta P_1, \Delta P_2, \Delta t_2, \Delta P_3, \Delta t_3, \Delta P_5, \Delta t_5, \Delta P_6, \Delta t_6, \Delta P_7, \Delta t_7, \Delta n_1, \Delta n_2, \Delta G_f\right]^{\mathrm{T}} \quad (8.1)$$

本章重点研究燃气轮机气路故障诊断可视化方法，为运维人员提供一种基于二次特征提取的简单高效的气路故障诊断可视化方法，如图 8.1 所示。

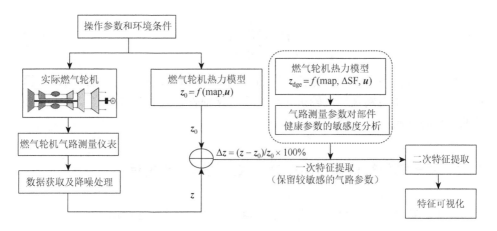

图 8.1 基于二次特征提取的燃气轮机气路故障诊断可视化方法

　　本节首先探讨基于熵特征的燃气轮机气路故障诊断可视化方法的有效性。

　　首先，通过燃气轮机热力模型中输入不同故障模式（通过设置不同的 ΔSF 来实现）进行气路可测参数对部件健康参数的敏感度分析，如表 3.2 所示，保留较敏感的气路参数作为一次特征参数向量，如式（8.1）所示。

　　再将一次特征参数向量 Δz 作为某一段信号序列，进行 FFT，即

$$F(k) = \sum_{i=1}^{14} \Delta z(i) \exp\left(-\mathrm{j}\frac{2\pi}{n}ik\right), \quad k = 1,2,\cdots,14 \tag{8.2}$$

求得信号频谱后，计算各个点的能量：

$$\mathrm{En}_k = \left|F(k)\right|^2, \quad k = 1,2,\cdots,14 \tag{8.3}$$

计算各个点的总能量值：

$$\mathrm{En} = \sum_{k=1}^{14} \mathrm{En}_k \tag{8.4}$$

计算各个点的能量在总能量中所占的概率比例：

$$P_k = \frac{\mathrm{En}_k}{\mathrm{En}} = \frac{\mathrm{En}_k}{\displaystyle\sum_{k=1}^{14} \mathrm{En}_k} \tag{8.5}$$

分别进行香农熵 E_1 和指数熵 E_2 计算：

$$E_1 = -\sum_{k=1}^{14} P_k \ln P_k \tag{8.6}$$

$$E_2 = \sum_{k=1}^{14} P_k \mathrm{e}^{1-P_k} \tag{8.7}$$

　　此时即可得到通过二次特征提取的二维熵特征向量 $[E_1, E_2]$，通过二维平面可视化，就可以作为判别燃气轮机各个主要气路部件是否发生性能衰退、损伤或故障的主导特征向量。

8.1.2　基于熵特征提取的燃气轮机气路故障诊断过程

　　基于熵特征提取的燃气轮机气路故障诊断过程如图 8.2 所示。

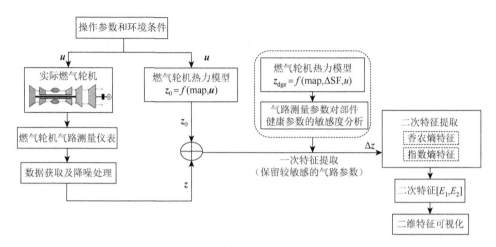

图 8.2　基于香农熵与指数熵的燃气轮机气路故障诊断可视化方法

其具体诊断步骤如下[1]。

（1）基于目标燃气轮机新投运（或健康）时的气路测量参数建立能完全反映各个部件特性的燃气轮机全非线性部件级热力模型（如第 2 章所述）。

（2）用相似折合参数重新定义压气机和透平的气路健康指数，消除由环境条件（大气压力、温度和相对湿度）变化而给诊断结果带来的影响。

（3）通过设置热力模型中的各个气路部件（压气机、透平和燃烧室）的健康参数 ΔSF，来模拟各个部件性能衰退时的气路测量参数（整理为性能衰退时的气路测量参数相对于健康时的相对偏差形式 Δz，这样处理的优点是消除由环境条件和操作条件变化而给诊断结果带来的影响）[2]，并进一步提取香农熵与指数熵特征，用于积累性能衰退模式和衰退征兆的知识数据库，作为后续实现模式识别的依据。

（4）采集当前待诊断燃气轮机的气路测量参数，降噪处理后作为待诊断的气路测量参数 z。

（5）设置已建立的燃气轮机热力模型的环境输入条件（大气压力、温度和相对湿度）和操作输入条件 u 与采样时的对象燃气轮机运行工况一致，消除由环境条件和操作条件变化而给诊断结果带来的影响。

（6）将待诊断的实测气路数据 z 与热力模型计算的气路测量参数 z_0 之间的相对偏差 Δz 输入香农熵与指数熵特征提取算法中提取二维熵特征，检测已发生性能衰退、损伤或故障的部件。

8.1.3　基于熵特征提取的燃气轮机气路故障诊断案例分析

由于实际燃气轮机运行过程中，单部件性能退化现象最为常见，这里假设燃气轮机中的压气机（LC、HC）、燃烧室（B）和透平（HT、LT 和 PT）都有可能发生性能退化。同样，燃气轮机的性能退化通过设置部件健康参数 ΔSF 来模拟。

基于 Diakunchak 的实验结果[3]，常见的部件性能退化情况如表 8.1 所示。

表 8.1　部件性能衰退的范围

衰退模式	健康指数	范围/%
压气机（LC/HC）污垢	流量特性指数 $\Delta SF_{C,FC}$	−5～−1
	效率特性指数 $\Delta SF_{C,Eff}$	−5～−1
燃烧室（B）故障	效率特性指数 $\Delta SF_{B,Eff}$	−5～−1
透平（HT/LT/PT）腐蚀	流量特性指数 $\Delta SF_{T,FC}$	1～5
	效率特性指数 $\Delta SF_{T,Eff}$	−5～−1

由于通过历史运行经验和现场监测数据来积累性能衰退模式与衰退征兆的关系知识库是项艰巨而费时费力的工作，当前燃气轮机热力模型常用于模拟部件性能衰退来探索衰退模式与衰退征兆的关系知识库，这里通过某型三轴燃气轮机热力模型来建立衰退征兆（即二维熵特征）与衰退模式的知识库。图 8.3 所示为基于香农熵与指数熵的燃气轮机气路故障诊断可视化结果。

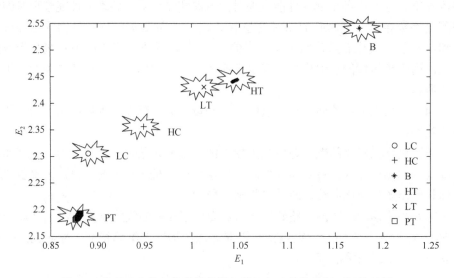

图 8.3　基于香农熵与指数熵的燃气轮机气路故障诊断可视化结果

由图 8.3 可知，燃气轮机气路可测参数基于香农熵与指数熵的二次特征提取后，在二维平面上有显著的类间分离度和类内聚合度，运维人员可以清楚方便地监测到燃气轮机各个主要气路部件的性能衰退情况，当气路主要部件发生性能衰退、损伤或故障时，某种衰退模式会在二维平面上呈现明显的类内聚合度。

8.2　基于熵特征与分形特征提取的燃气轮机气路故障诊断可视化方法

8.2.1　分形盒维数特征提取

分形理论被学者称为大自然的几何学，是现代数学理论的一个分支，它与动力学系统的混沌理论相辅相成。1975 年，美籍数学家——曼德布罗特（Mandelbrot），首次提出了分形几何的概念，他指出，世界上任何一个事物的某一方面（如能量、功能、信息、时间、结构、形态等），都有可能在某一过程中或者一定的条件下，表现出与整体的相似性。

分形维数可以定量地描述分形集合的复杂程度，它的大小反映了分形几何的不规则程度。且分形维数具有以下基本性质：

（1）分形维数数值的大小与事物的几何尺度大小没有关系；

（2）分形维数数值越大，事物的几何轮廓就越复杂，细节也越丰富，反之，分形维数值越小，事物的几何轮廓越简单，细节内容越少；

（3）分形维数值并不是一个绝对值，而是一个相对量值；

（4）若事物的几何形体是一个光滑的 m 维曲面，并且其属于欧几里得空间 $\mathbf{R}^n$，则它的分形维数为 m。

现阶段，分形维数的定义和测量方法有很多种，常见的一维分形维数有Hausdorff 维数、Higuchi 维数、Petrosian 维数、盒维数等。其中，Hausdorff 维数是最基本的分形维数，然而，其计算复杂度较高，计算量较大，在实际中并不适用；盒维数计算较为简单，且能够通过调节盒子边长的大小较为精细地提取信号的分形维数特征，进而得到比较广泛的应用；多重分形维数在一维分形维数的基础上，在多个层次上，对信号的分形维数进行了刻画，相对于一维分形维数而言，它能够更好地刻画信号的细微变化，相应地，复杂度有所提高。

一般的通信信号都是随时间变化的函数，人们常常根据信号的波形来识别它的类型，这是从整体向局部、从宏观向微观转化的一个过程。分形维数在本质上和其相似，它是对没有特征长度但是具有一定的自相似结构的图形的总称，它具有精细波形的结构和近似意义下的自相似特性。分形维数能够定量地描述图形的这种复杂特性，其中，盒维数能够反映待描述对象的几何尺度情况，而信息维数则能够反映待描述对象在分布意义上的信息。信号类型的各种特点往往会体现在载波的相位、幅度和频率上，而信号波形往往包含了信号在几何以及分布上的信息，因此，提取信号的分形维数作为对信号进行分类识别的特征是可行的，相对于传统的信号处理，其优势体现在较低信噪比下对信号波形细微特征的提取，所以，分形特征的深入研究，对于提取信号的细微特征具有重大的意义。

本节将一次特征参数向量 Δz 作为某一段信号序列，可以类比于通信信号的分形特征提取思路，对该段信号序列尝试分形盒维数的二次特征提取。

详细的分形盒维数特征计算过程如下。

设 A 是属于欧几里得空间 $\mathbf{R}^n$ 中某一待计算的非空紧集，$N(A, \varepsilon)$ 是用边长为 ε 的盒子覆盖 A 所需的最小盒子数目，则定义盒维数为

$$D = \lim_{\varepsilon \to 0} \frac{\log N(A, \varepsilon)}{\log(1/\varepsilon)} \tag{8.8}$$

设实测气路数据 z 与热力模型计算的气路测量参数 z_0 之间的相对偏差 Δz 作为某一段信号序列 $\boldsymbol{X} = \{x_j, j = 1, 2, \cdots, N_0\}$，此处 $N_0 = 14$，采用近似方法使覆盖信号序列 $\boldsymbol{X}$ 的盒子最小边长为 ε，计算使用边长为 $k\varepsilon$ 的盒子覆盖信号序列 $\boldsymbol{X}$ 的最小盒子数 $N(k\varepsilon)$，则

$$p_1 = \max\{x_{k(i-1)+1}, x_{k(i-1)+2}, \cdots, x_{k(i-1)+k+1}\} \tag{8.9}$$

$$p_2 = \min\{x_{k(i-1)+1}, x_{k(i-1)+2}, \cdots, x_{k(i-1)+k+1}\} \tag{8.10}$$

$$p(k\varepsilon) = \sum_{i=1}^{N_0/k} |p_1 - p_2| \tag{8.11}$$

式中，$i = 1, 2, \cdots, N_0/k$，$k = 1, 2, \cdots, K$；N_0 是一次特征参数向量 Δz 的长度，$K < N_0$；$p(k\varepsilon)$ 是信号序列 $\boldsymbol{X}$ 的纵坐标的尺度范围。则 $N(k\varepsilon)$ 表示为

$$N(k\varepsilon) = p(k\varepsilon) / k\varepsilon + 1 \tag{8.12}$$

选择拟合曲线 $\log k\varepsilon$-$\log N(k\varepsilon)$ 中线性度较好一段作为无标度区，则

$$\log N(k\varepsilon) = a \log k\varepsilon + b \tag{8.13}$$

式中，$k_1 \leqslant k \leqslant k_2$，$k_1$ 和 k_2 分别为无标度区的起点和终点。

通常，利用最小二乘法计算出该段拟合直线的斜率，就是所要计算的信号序

列 X 的分形盒维数：

$$D = -\frac{(k_2 - k_1 + 1)\sum \log k \cdot \log N(k\varepsilon) - \sum \log k \cdot \sum \log N(k\varepsilon)}{(k_2 - k_1 + 1)\sum \log^2 k - (\sum \log k)^2} \quad (8.14)$$

8.2.2　基于熵特征与分形特征提取的燃气轮机气路故障诊断过程

基于熵特征与分形特征提取的燃气轮机气路故障诊断过程如图 8.4 所示。

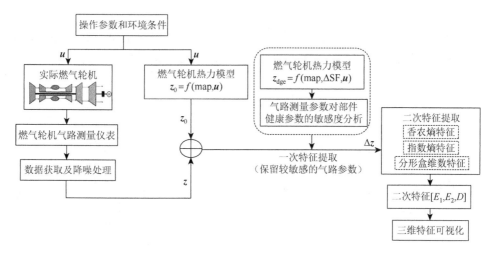

图 8.4　基于熵特征与分形特征提取的燃气轮机气路故障诊断可视化方法

其具体诊断步骤如下。

（1）基于目标燃气轮机新投运（或健康）时的气路测量参数建立能完全反映各个部件特性的燃气轮机全非线性部件级热力模型（如第 2 章所述）。

（2）用相似折合参数重新定义压气机和透平的气路健康指数，消除由环境条件（大气压力、温度和相对湿度）变化而给诊断结果带来的影响。

（3）通过设置热力模型中的各个气路部件（压气机、透平和燃烧室）的健康参数 ΔSF，来模拟各个部件性能衰退时的气路测量参数（整理为性能衰退时的气路测量参数相对于健康时的相对偏差形式 Δz，这样处理的优点是消除由环境条件和操作条件变化而给诊断结果带来的影响），并进一步提取香农熵、指数熵与分形盒维数特征，用于积累性能衰退模式和衰退征兆的知识数据库，作为后续实现模式识别的依据。

（4）采集当前待诊断燃气轮机的气路测量参数，降噪处理后作为待诊断的气路测量参数 z。

（5）设置已建立的燃气轮机热力模型的环境输入条件（大气压力、温度和相对湿度）和操作输入条件 u 与采样时的对象燃气轮机运行工况一致，消除由环境条件和操作条件变化而给诊断结果带来的影响。

（6）将待诊断的实测气路数据 z 与热力模型计算的气路测量参数 z_0 之间的相对偏差 Δz 输入香农熵、指数熵与分形盒维数特征提取算法中提取三维特征，检测已发生性能衰退、损伤或故障的部件。

8.2.3　基于熵特征与分形特征提取的燃气轮机气路故障诊断案例分析

为进一步检验基于二次特征提取的燃气轮机气路故障诊断框架的有效性，本节将分形盒维数特征（D）也用于二次特征提取，诊断结果如图 8.5 所示。

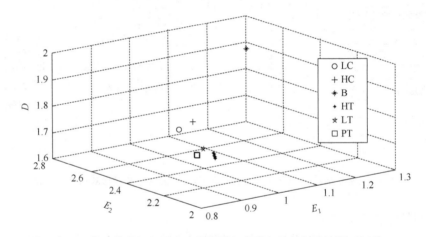

图 8.5　基于熵特征与分形盒维数特征的燃气轮机气路诊断可视化

由图 8.5 可知，燃气轮机气路可测参数基于香农熵、指数熵与分形盒维数特征提取后，在三维立体空间上依然有显著的类间分离度和类内聚合度，操作人员可以清楚方便地监测到燃气轮机各个主要气路部件的性能衰退情况，当气路主要部件发生性能衰退、损伤或故障时，某种衰退模式会在三维立体空间上呈现明显的类内聚合度。

综上所述，本章为了使燃气轮机用户及运维人员简单方便地采用燃气轮机气路诊断策略来监测燃气轮机运行健康状况，便于全寿命周期健康管理，提出了基于二次特征提取的燃气轮机气路故障诊断可视化方法。

参 考 文 献

[1] Li J C，Ying Y L，Ji C L. Study on gas turbine gas-path fault diagnesis methad based on quadratic entropy feature extraction[J]. IEEE Access，2019，7：89118-89127.

[2] Ying Y L，Cao Y P，Li S Y，et al. Study on gas turbine engine fault diagnostic approach with a hybrid of gray relation theory and gas-path analysis[J]. Advances in Mechanical Engineering，2016，8（1）：1-14.

[3] Diakunchak I S. Performance deterioration in industrial gas turbines[J]. Journal of Engineering for Gas Turbines and Power，1992，114（2）：161-168.

第9章　基于分形理论与灰色关联理论相结合的轴承故障诊断研究

9.1　基于改进分形盒维数与灰色关联理论的轴承故障诊断方法

　　轴承作为燃气轮机机组中重要的支撑部件，其故障是旋转机械失效和损坏的最主要原因之一。轴承振动信号通常表现为非线性和非稳态的特征。常规的时域和频域方法不容易对轴承工作健康状况做出准确的评估。本节提出了一种基于改进分形盒维数特征的轴承在线故障检测方法，首先从轴承振动信号中提取故障主导特征，然后通过灰色关联理论算法自动地识别出轴承的故障类型及不同的严重程度。本章所提出的方法旨在解决采用传统时域和频域方法不易对轴承工作健康状况做出准确评估的问题，能够在确保检测实时性的同时准确有效地识别不同的轴承故障类型及故障严重程度。

9.1.1　传统一维分形维数特征提取算法

　　分形理论是非线性学科的一个重要分支，是描述自然界复杂性和不规则性的一个新的科学方法和理论。近几年来，分形理论受到了各个学科的关注，并被成功地应用于自然和社会科学等众多领域，给学者提供了一个新的描述客观世界的方法与工具。在信号处理、通信系统等领域，分形理论也具有良好的应用前景。对于离散化的通信信号，分形维数能够刻画其几何尺度信息和不规则程度。目前，常见的可应用于信号处理的一维分形维数有分形盒维数、Higuchi 分形维数、Petrosian 分形维数、Katz 分形维数、Sevcik 分形维数等。其中，分形盒维数由于计算简单，成为在实际信号处理中最为常用的一类分形维数。

1. Higuchi 分形维数

Higuchi 分形维数是一维分形维数的一种，具体定义如下。

假设时间序列为 $x(1), x(2), \cdots, x(N)$，并重构时间序列 x_m^k：

$$x_m^k = \left\{ x(m), x(m+k), x(m+2k), \cdots, x\left(m + \left[\frac{N-m}{k} \right] \cdot k \right) \right\} \tag{9.1}$$

式中，N 为数字序列 x 的总长度；$m = 1, 2, \cdots, K$ 为时间序列的初始时间值；k 为相邻两个时间序列的时间间隔；符号 $[x]$ 代表取 x 的整数部分。对于每一个重构时间序列 x_m^k，计算序列的平均长度 $L_m(k)$，则

$$L_m(k) = \frac{\sum_{i=1}^{[(N-m)/k]} |x(m+ik) - x(m+(i-1)\cdot k)| \cdot (N-1)}{\left[\dfrac{N-m}{k}\right] \cdot k} \tag{9.2}$$

式中，N 为数字序列 x 的总长度；$\dfrac{N-1}{\left[\dfrac{N-m}{k}\right] \cdot k}$ 为归一化因子。

对于所有的 $k = 1, 2, \cdots, k_{\max}$，计算信号的平均长度 $L_m(k)$，其中，$m = 1, 2, \cdots, k$，因此，对于每一个 k 值，计算离散时间信号序列总的平均长度为

$$L(k) = \sum_{m=1}^{k} L_m(k) \tag{9.3}$$

此时，离散时间信号序列的总的平均长度 $L(k)$ 正比于尺度 k，即

$$L(k) \propto k^{-D} \tag{9.4}$$

对两边同时取对数，可得

$$\ln(L(k)) \propto D \cdot \ln\left(\frac{1}{k}\right) \tag{9.5}$$

利用最小二乘法拟合 $\ln\left(\dfrac{1}{k}\right)$-$\ln(L(k))$ 曲线，拟合曲线的斜率 D 即为该曲线的 Higuchi 分形维数。

2. Petrosian 分形维数

设波形信号由一系列点 $\{y_1, y_2, \cdots, y_N\}$ 组成，首先对其进行二值化，设二值化后的矩阵为 z_i，则

$$z_i = \begin{cases} 1, & y_i > \mathrm{mean}(y) \\ -1, & y_i \leqslant \mathrm{mean}(y) \end{cases}, \quad i = 1, 2, \cdots, N \tag{9.6}$$

式中，$i = 1, 2, \cdots, N$ 表示信号的点数。则其 Petrosian 分形维数定义为

$$D = \frac{\lg N}{\lg N + \lg\left(\dfrac{N}{N + 0.4 N_\Delta}\right)} \tag{9.7}$$

式中，N_Δ 为序列 z_i 相邻符号改变的总数：

$$N_\Delta = \sum_{i=1}^{N-2} \left| \frac{z_{i+1}-z_i}{2} \right| \tag{9.8}$$

由 Petrosian 分形维数的基本定义可知，Petrosian 分形维数是一种定义比较简单的分形维数，相对于其他分形维数，计算较为容易。

3. Katz 分形维数

设波形信号由一系列点 (x_i,y_i) 组成，信号长度为 N。则 Katz 分形维数可由式（9.9）得出：

$$D = \frac{\lg N}{\lg N + \lg \dfrac{d}{L}} \tag{9.9}$$

式中，定义 L 为信号波形的长度，则 L 为

$$L = \sum_{i=0}^{N-2} \sqrt{(y_{i+1}-y_i)^2+(x_{i+1}-x_i)^2} \tag{9.10}$$

定义 d 为初始点 (x_1,y_1) 到其他点的最大距离，则 d 为

$$d = \max\left(\sqrt{(x_i-x_1)^2-(y_i-y_1)^2}\right) \tag{9.11}$$

4. Sevcik 分形维数

同样设波形信号由一系列点 (x_i,y_i) 组成，信号长度为 N。首先对信号进行归一化，则

$$x_i^* = \frac{x_i-x_{\min}}{x_{\max}-x_{\min}}, \quad y_i^* = \frac{y_i-y_{\min}}{y_{\max}-y_{\min}} \tag{9.12}$$

则 Sevcik 分形维数 D 可由式（9.13）得出：

$$D = 1 + \frac{\ln L + \ln 2}{\ln(2(N-1))} \tag{9.13}$$

式中，L 为波形的长度，则 L 可表示为

$$L = \sum_{i=0}^{N-2} \sqrt{(y_{i+1}^*-y_i^*)^2+(x_{i+1}^*-x_i^*)^2} \tag{9.14}$$

综上所述，本节定义了 4 种常用的一维分形维数算法，都是从信号的波形角度对信号进行特征提取。其中，Higuchi 分形维数、Petrosian 分形维数、Katz 分形

维数、Sevcik 分形维数的计算方法较为简单，但是，对信号的波形特征提取并不精细，因此，应用范围较少，若对信号的特征进行粗提取，可以选择需要的分形维数，在这里不再详细介绍。相对于应用范围较为广泛的分形盒维数，其他几种分形维数算法，对信号的波形特征提取得更为精细，因此，利用分形盒维数对轴承振动信号进行特征提取，并对分形盒维数算法进行了改进，可以取得较好的故障类型及故障严重程度识别效果。具体特征提取步骤在下面内容将进行详细介绍。

9.1.2　轴承振动信号的分形盒维数特征提取

分形理论是当代非线性科学最重要的分支之一，特别适用于处理各种复杂的非线性和非平稳现象，因此也适用于轴承振动信号的特征提取。分形维数是刻画物体复杂度特征的一种工具，其计算方法有很多种，其中，盒维数算法简单且计算量较小，能够很好地表征信号的复杂度特征。

设 A 是属于欧几里得空间 $\mathbf{R}^n$ 中某一待计算的，$N(A,\varepsilon)$ 是用边长为 ε 的盒子覆盖 A 所需的最小盒子数目，则定义盒维数为

$$D = \lim_{\varepsilon \to 0} \frac{\log N(A,\varepsilon)}{\log(1/\varepsilon)} \qquad (9.15)$$

用边长为 ε 的正方形盒子覆盖待检测的时间序列信号，如图 9.1 所示。

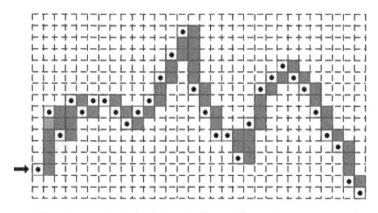

图 9.1　用边长为 ε 的正方形盒子覆盖待检测的时间序列信号

加入阴影正方形盒子以保持信号的连续性，通过计数的方法（阴影盒子加入计数）得出要覆盖整个信号所需要的正方形盒子的最小数 $N(\varepsilon)$

用边长为 2ε 的正方形盒子再次覆盖待检测的时间序列信号，如图 9.2 所示。

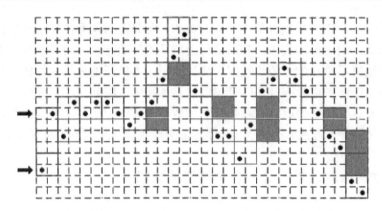

图 9.2　用边长为 2ε 的正方形盒子覆盖待检测的时间序列信号

加入阴影正方形盒子以保持信号连续性，通过计数的方法（阴影盒子加入计数）得出覆盖信号所需的正方形盒子的最小数 $N(2\varepsilon)$

对于实际采样得到的轴承振动信号，由于存在采样频率，盒子的最小边长 ε 通常取为采样间隔 σ 。

设某一实际采样得到的轴承振动信号序列为 $\boldsymbol{X}=\{x_j, j=1,2,\cdots,N_0\}$ ，采用近似方法使覆盖信号 $\boldsymbol{X}$ 的盒子最小边长为采样间隔，即 $\varepsilon=\sigma$ ，计算使用边长为 $k\varepsilon$ 的盒子覆盖信号 $\boldsymbol{X}$ 的最小盒子数 $N(k\varepsilon)$ ，则

$$p_1 = \max\{x_{k(i-1)+1}, x_{k(i-1)+2}, \cdots, x_{k(i-1)+k+1}\} \tag{9.16}$$

$$p_2 = \min\{x_{k(i-1)+1}, x_{k(i-1)+2}, \cdots, x_{k(i-1)+k+1}\} \tag{9.17}$$

$$p(k\varepsilon) = \sum_{i=1}^{N_0/k} |p_1 - p_2| \tag{9.18}$$

式中， $i=1,2,\cdots,N_0/k$ ， $k=1,2,\cdots,K$ ； N_0 为采样点数目， $K<N_0$ ； $p(k\varepsilon)$ 为信号 $\boldsymbol{X}$ 的纵坐标的尺度范围。则 $N(k\varepsilon)$ 表示为

$$N(k\varepsilon) = p(k\varepsilon)/(k\varepsilon) + 1 \tag{9.19}$$

选择拟合曲线 $\log(k\varepsilon)$ - $\log N(k\varepsilon)$ 中线性度较好一段作为无标度区，则

$$\log N(k\varepsilon) = a\log(k\varepsilon) + b \tag{9.20}$$

式中， $k_1 \leqslant k \leqslant k_2$ ， k_1 和 k_2 分别为无标度区的起点和终点。

通常，利用最小二乘法计算出该段拟合直线的斜率，就是所要计算的振动信号序列 $\boldsymbol{X}$ 的传统分形盒维数 D ：

$$D = -\frac{(k_2-k_1+1)\sum\log k \cdot \log N(k\varepsilon) - \sum\log k \cdot \sum\log N(k\varepsilon)}{(k_2-k_1+1)\sum\log^2 k - (\sum\log k)^2} \tag{9.21}$$

分形盒维数没有绝对的意义，只有相对比较的价值。因此，工程应用中，对

于几种信号应该采用相同的处理方法计算不同信号的盒维数，这样，才具有比较价值。

根据盒维数的定义，在讨论其基本性质后，对分形盒维数的抗噪性能进行分析如下。

设信号序列为

$$y(i) = x(i) + n(i) \tag{9.22}$$

式中，$i = 1, 2, \cdots, N$；$x(i)$ 为有用信号；$n(i)$ 为加性噪声。

令 N 表示覆盖整个平面的所有盒子数，$N_i(y)$ 表示覆盖一定信噪比下的信号序列的盒子数，$N_i(x)$ 表示覆盖有用信号的盒子数，$N_i(n)$ 表示覆盖干扰的盒子数，则有

$$N_i(y) = N_i(x) + N_i(n) \tag{9.23}$$

所以，信号波形点 $(i, y(i))$ 所占盒子数在所有盒子中的概率 $p_i(y)$ 可以表示为

$$p_i(y) = \frac{N_i(y)}{N} = \frac{N_i(x) + N_i(n)}{N} = p_i(x) + \varDelta_i(n) \tag{9.24}$$

式中，$\varDelta_i(n) = N_i(n)/N$，由于 N 较大，$N_i(n)$ 较小，故有

$$p_i(y) = p_i(x) + \varDelta_i(n) = p_i(x) \tag{9.25}$$

由式（9.25）可以看出，噪声对分形盒维数的影响较小，对于识别轴承振动信号具有良好的抗噪性能。因此，利用分形盒维数特征对轴承振动信号进行不同故障类型及不同故障严重程度的粗分类成为可能。

9.1.3　轴承振动信号的改进分形盒维数特征提取

分形盒维数算法相对于其他算法而言，具有计算较为简单的优势，在信号处理过程中，也常常被用来分析信号的几何尺度信息。

传统的分形盒维数算法，在电磁故障诊断、图像分析以及生物医学这些具有较为严格的自相似信号中已经得到了广泛的应用。然而，对于我们常见的轴承振动信号，在某种程度上并不满足分形理论中的自相似结构，因此，在利用分形盒维数算法计算其盒维数时，拟合出来的曲线常常不具有很好的线性结构。这样，采用同样的方法计算出的信号盒维数误差必然很大，且对于不同故障类型及不同故障严重程度的轴承振动信号，通过盒维数可以进行区分的信号类别有限。为了将分形盒维数算法广泛应用到轴承振动信号（甚至扩展到燃烧室嗡鸣信号分析）的类间识别、类内识别中，本节提出了一种改进的分形盒维数算法，来克服分形盒维数在轴承振动信号特征提取中的这一缺陷。

基于改进的分形盒维数的特征提取算法是在传统分形盒维数算法的基础上，

对于每一次相空间重构后的信号盒维数拟合曲线进行求导。首先对实际采样得到的轴承振动信号序列 $X=\{x_j, j=1,2,\cdots,N_0\}$ 进行重采样，适当增加采样点数以减小盒子最小边长 ε，从而改善振动信号序列 X 的分形盒维数计算精度。再对采样信号进行相空间重构，并根据采样点数目确定重构相空间的迭代维数。具体过程如下。

设实际采样得到的轴承振动信号序列 $X=\{x_j, j=1,2,\cdots,N_0\}$ 由 $N_0=2^n$ 个采样点构成，为了提高计算精度，对振动信号序列 X 进行重采样，设采样点数为 $N=2^K$（$K>n$），则选择对振动信号序列 X 进行相空间重构的维数分别为 $m=K+1=2,3,\cdots,\log_2(N+1)$。

覆盖该振动信号序列 X 的盒子数的推导方法如下。

当 $k=1$ 时：$p_1=\max\{x_i,x_{i+1}\}$，$p_2=\min\{x_i,x_{i+1}\}$，$i=1,2,\cdots,N/k$。此时，重构相空间维数为 2 维。

当 $k=2$ 时：$p_1=\max\{x_{2i-1},x_{2i},x_{2i+1}\}$，$p_2=\min\{x_{2i-1},x_{2i},x_{2i+1}\}$，$i=1,2,\cdots,N/k$。此时，重构相空间维数为 3 维。

当 $k=3$ 时：$p_1=\max\{x_{3i-2},x_{3i-1},x_{3i},x_{3i+1}\}$，$p_2=\min\{x_{3i-2},x_{3i-1},x_{3i},x_{3i+1}\}$，$i=1,2,\cdots,N/k$。此时，重构相空间维数为 4 维。

当 $k=K$ 时：$p_1=\max\{x_{K(i-1)+1},x_{K(i-1)+2},\cdots,x_{K(i-1)+K+1}\}$，$p_2=\min\{x_{K(i-1)+1},x_{K(i-1)+2},\cdots,x_{K(i-1)+K+1}\}$，$i=1,2,\cdots,N/k$。此时，重构相空间维数为 $m=K+1$。

由以上推导可知，对振动信号序列 X 共进行了 K 次相空间重构，每次相空间重构可以对应得到一个 $N(k\varepsilon)$，这样可以绘制出 $\log(k\varepsilon)$-$\log N(k\varepsilon)$ 的关系曲线图。拟合曲线并不具有严格的线性关系，因此，采用改进的分形盒维数算法，对得到的 K 个点处的关系曲线求导，得到不同点处的曲线斜率 $D_1,D_2,D_3,\cdots,D_K$，即为不同相空间重构时的分形盒维数。将求得的 $D_1,D_2,D_3,\cdots,D_K$ 作为表征轴承故障特征的 K 个特征向量，同时作为目标轴承故障模式（即故障类型及故障严重程度）识别的依据。

9.1.4　基于灰色关联理论的轴承故障模式识别

通常，在特征提取之后，需要模式识别技术来自动完成轴承故障诊断。如今，燃气轮机机组运行环境越来越复杂，振动信号和噪声的种类也越来越多，要想获得较高的识别率，除了需要提取在较低信噪比下仍比较稳定的特征参数外，分类器的设计选择也非常关键。

分类器设计模块是轴承故障类型及故障严重程度识别的最后一个环节，也是非常重要的一个环节。它的主要作用是，根据已提取的特征向量，建立相应的决策规则，从而实现对待识别对象的分类识别。在提取振动信号基本特征向量的基础上，设计有效的分类器，是轴承不同故障类型及故障严重程度识别系统的核心任务之一。

至今为止，分类器的设计从原理上讲，大体上可以分为四类：基于概率的方法、基于核函数的方法、基于某种优化准则构造决策界的方法以及基于相似性思想的方法。

基于概率方法的分类器主要通过概率的方法对信号进行分类决策，该算法建立在概率决策理论及其代价值量化折中衡量的基础之上。常见的基于概率方法的分类器主要有基于贝叶斯决策理论的分类器、逻辑分类器以及基于隐马尔可夫模型的分类器等。

基于相似性思想的分类器主要根据同类相聚的基本原理，对于相似的样本，则认为属于同一的类别，其一般的识别过程是，首先确定一个能够衡量信号相似性的测度准则，然后利用每类信号的原型，通过最近邻等分类原理、模板匹配等原理对辐射源个体进行分类。其中，常用到的分类器有最近线性组合分类器、最小距离分类器，最近邻分类器等。

基于优化准则原理的分类器是以实现某种准则的最优化为目的而进行训练进而实现分类识别的决策分类器，一般采用的优化准则有最小化错误率、最小均方误差等。基于优化准则的典型分类器有单层感知器、线性判别分类器、Fisher 分类器等。现在应用较为广泛的神经网络分类器也可以归类到此类分类器，优化准则的选取决定着分类器的最终识别效果。

基于核函数的分类器算法由满足 Mercer 条件的核函数来表达特征空间中各个特征的内积值，进而实现数据的升维映射。在此类的分类器设计中，需要算法在训练和判别的过程中，涉及的样本要以内积形式出现，进而引入核函数。基于核函数的分类器主要有核 Fisher 分类器、支持向量机分类器、核最近邻分类器等。

轴承不同故障类型及故障严重程度的识别过程，事实上是一个模式分类识别的过程，而本章所介绍的分类器设计对轴承不同故障类型及故障严重程度的识别起着非常重要的作用。好的分类器需要具有较强的分类能力、自适应能力以及较强的泛化能力。一方面，当在分类的能力能够达到限定的要求时，就要求分类器对不同故障类型及故障严重程度的类间特征变化敏感，而对类内的特征变化不敏感，这种分类器的泛化能力就比较强；另一方面，当类内的特征发生变化时，要求分类器同样应该具有一定的分类能力。

基于以上提出的几种分类器的特性分析，本节针对具有交叠特征参数的信号，提出了基于灰色关联理论的分类器设计算法，并对相应的算法进行了改进，对比测试了几种分类器设计算法对轴承不同故障类型及故障严重程度时的振动信号的分类识别效果，为实际工程应用提供了很好的理论依据。

1. 普通灰色关联算法

灰色关联理论的研究是灰色系统的基础，它主要基于空间数学的基础理论来计算参考特征向量与每个待识别的特征向量的关联系数和关联度。灰色关联理论具有应用于轴承故障模式识别的潜力，因为它有以下特点：具有良好的抗测量噪声能力；能够帮助用于识别分类目的的特征参数的选择；建立衰退模式与衰退征兆的关系知识库所需的样本数目较少；算法简单易编程，无须对样本数据进行学习训练，实时性好。

设从目标对象轴承振动信号提取的待识别的表征故障征兆的特征向量（即改进的分形盒维数）如下：

$$\boldsymbol{B}_1 = \begin{bmatrix} D_{1,1} \\ D_{2,1} \\ \vdots \\ D_{K,1} \end{bmatrix}, \boldsymbol{B}_2 = \begin{bmatrix} D_{1,2} \\ D_{2,2} \\ \vdots \\ D_{K,2} \end{bmatrix}, \cdots, \boldsymbol{B}_i = \begin{bmatrix} D_{1,i} \\ D_{2,i} \\ \vdots \\ D_{K,i} \end{bmatrix}, \cdots \tag{9.26}$$

式中，$\boldsymbol{B}_i\,(i=1,2,\cdots)$ 是待识别的故障模式（即故障类型及严重程度）；$D_{K,i}\,(i=1,2,\cdots)$ 是每一个特征参数；K 是每一个特征向量中特征参数的总数目。

设所建立的故障征兆（即特征向量）与故障模式（即故障类型及严重程度）之间的样本知识库如下：

$$\boldsymbol{C}_1 = \begin{bmatrix} c_1(1) \\ c_1(2) \\ \vdots \\ c_1(K) \end{bmatrix}, \boldsymbol{C}_2 = \begin{bmatrix} c_2(1) \\ c_2(2) \\ \vdots \\ c_2(K) \end{bmatrix}, \cdots, \boldsymbol{C}_j = \begin{bmatrix} c_j(1) \\ c_j(2) \\ \vdots \\ c_j(K) \end{bmatrix}, \cdots, \boldsymbol{C}_m = \begin{bmatrix} c_m(1) \\ c_m(2) \\ \vdots \\ c_m(K) \end{bmatrix} \tag{9.27}$$

式中，$\boldsymbol{C}_j\,(j=1,2,\cdots,m)$ 是已知的故障模式（即故障类型及严重程度）；$c_j\,(j=1,2,\cdots)$ 是每一个特征参数；m 是故障模式的总数目。

对于 $\rho \in (0,1)$，有

$$\xi(D_{k,i},c_j(k)) = \frac{\min\limits_{j}\min\limits_{k}|D_{k,i}-c_j(k)| + \rho\max\limits_{j}\max\limits_{k}|D_{k,i}-c_j(k)|}{|D_{k,i}-c_j(k)| + \rho\max\limits_{j}\max\limits_{k}|D_{k,i}-c_j(k)|} \tag{9.28}$$

$$\xi(\boldsymbol{B}_i,\boldsymbol{C}_j) = \frac{1}{K}\sum_{k=1}^{K}\xi(D_{k,i},c_j(k)), \quad j=1,2,\cdots;k=1,2,\cdots,K \tag{9.29}$$

式中，ρ 是分辨系数，通常取值为 0.5；$\xi(D_{k,i},c_j(k))$ 是 $\boldsymbol{B}_i$ 与 $\boldsymbol{C}_j$ 之间第 k 个特征参数的关联系数；$\xi(\boldsymbol{B}_i,\boldsymbol{C}_j)$ 是 $\boldsymbol{B}_i$ 与 $\boldsymbol{C}_j$ 之间的灰色关联度。

求得 $\boldsymbol{B}_i$ 与已知故障模式库中的每一个 $\boldsymbol{C}_j$ ($j=1,2,\cdots,m$)的关联度 $\xi(\boldsymbol{B}_i,\boldsymbol{C}_j)$ ($j=1,2,\cdots,m$)后，就可以将 $\boldsymbol{B}_i$ 分类至最大关联度所属的故障模式。

2. 自适应灰色关联算法

为了增强抗测量噪声能力和帮助用于分类目的的特征参数的选择能力，这里在普通灰色关联算法中引入信息论来计算关联度，此即自适应灰色关联算法（adaptive gray relation algorithm，AGRA）[1]。

首先处理特征参数的距离 $|\Delta d_{ij}(k)|=|D_{k,i}-c_j(k)|$，如下：

$$l_{ij}(k)=|\Delta d_{ij}(k)|\bigg/\sum_{j=1}^{m}|\Delta d_{ij}(k)| \qquad (9.30)$$

式中，m 是样本知识库中已知的故障模式数目。

定义熵：

$$E_i(k)=-\sum_{j=1}^{m}l_{ij}(k)\ln l_{ij}(k) \qquad (9.31)$$

计算最大熵值：

$$E_{\max}=\left(-\sum_{j=1}^{m}l_{ij}(k)\ln l_{ij}(k)\right)_{\max}=-\sum_{j=1}^{m}\frac{1}{m}\ln\frac{1}{m}=\ln m \qquad (9.32)$$

计算相对熵值：

$$e_i(k)=E_i(k)/E_{\max} \qquad (9.33)$$

参考信息论中剩余度的概念，定义第 k 个特征参数的剩余度为

$$H_i(k)=1-e_i(k) \qquad (9.34)$$

剩余度的本质意义在于消除第 k 个特征参数的熵值与特征参数的最优熵值的差别。$H_i(k)$ 越大，则表明第 k 个特征参数越重要，应当赋予越大的权重。

最终计算得到第 k 个特征参数的权重系数 $a_i(k)$：

$$a_i(k)=H_i(k)\bigg/\sum_{k=1}^{K}H_i(k) \qquad (9.35)$$

式中，$\sum_{k=1}^{K}a_i(k)=1$，$a_i(k)\geqslant 0$。

然后通过将权重系数乘以相应的关联系数来计算关联度。

$$\xi(\boldsymbol{B}_i,\boldsymbol{C}_j)=\frac{1}{K}\sum_{k=1}^{K}a_i(k)\xi(D_{k,i},c_j(k)) \qquad (9.36)$$

求得 $\boldsymbol{B}_i$ 与已知故障模式库中的每一个 $\boldsymbol{C}_j$ ($j=1,2,\cdots,m$)的关联度 $\xi(\boldsymbol{B}_i,\boldsymbol{C}_j)$ ($j=1,2,\cdots,m$)后，就可以将 $\boldsymbol{B}_i$ 分类至最大关联度所属的故障模式。

　　分辨系数 ρ 的选择也会对关联度的计算产生很大影响，从而影响故障模式识别的准确性。为了进一步提高灰色关联算法的自适应能力，本节引入了自适应分辨系数的概念。

　　式（9.28）中的分辨系数处理过程如下。

　　定义 Δ_v 是所有特征参数距离 $|\Delta d_{ij}(k)|=|D_{k,i}-c_j(k)|$ 的平均值，即

$$\Delta_v=\frac{1}{mK}\sum_{j=1}^{m}\sum_{k=1}^{K}\left|D_{k,i}-c_j(k)\right| \tag{9.37}$$

$$\Delta_{\max}=\max\left|D_{k,i}-c_j(k)\right| \tag{9.38}$$

定义 $\varepsilon_\Delta=\dfrac{\Delta_v}{\Delta_{\max}}$，即

$$\varepsilon_\Delta=\frac{\Delta_v}{\Delta_{\max}}=\frac{\dfrac{1}{mK}\sum_{j=1}^{m}\sum_{k=1}^{K}\left|D_{k,i}-c_j(k)\right|}{\max\left|D_{k,i}-c_j(k)\right|} \tag{9.39}$$

然后可以确定分辨系数 ρ 如下：

$$\Delta_{\max}>3\Delta_v,\quad \varepsilon_\Delta\leqslant\rho<1.5\varepsilon_\Delta$$
$$\Delta_{\max}\leqslant3\Delta_v,\quad 1.5\varepsilon_\Delta\leqslant\rho\leqslant2\varepsilon_\Delta$$

并且可以将分辨系数 ρ 的值设置为如下的平均值：

$$\Delta_{\max}>3\Delta_v,\quad \rho=1.25\varepsilon_\Delta$$
$$\Delta_{\max}\leqslant3\Delta_v,\quad \rho=1.75\varepsilon_\Delta$$

　　当获得自适应分辨系数 ρ 时，可以计算式（9.36）中的新关联度值。

9.1.5　基于改进的分形盒维数与自适应灰色关联理论的轴承故障诊断过程

　　综上所述，本节提出了一种基于改进的分形盒维数算法和自适应灰色关联理论算法的轴承故障诊断方法，如图9.3所示。

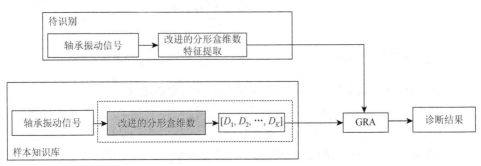

图 9.3　基于改进的分形盒维数算法和自适应灰色关联理论算法的轴承故障诊断方法

诊断过程包括以下步骤。

（1）对旋转机械中的目标对象轴承在不同工作状态下（包含正常运行和各种不同故障类型及不同严重程度情况）的振动信号进行采样，用于建立样本知识库。

（2）通过改进的分形盒维数算法从采集的轴承振动信号数据样本中提取表征故障征兆的主导特征向量。

（3）根据故障征兆（即已提取的主导特征向量）与故障模式（即已知的轴承的故障类型及严重程度）关系建立样本知识库，作为灰色关联算法模型的基准知识库。

（4）将待识别的从轴承振动信号提取的表征故障特征的主导特征向量（通过改进的分形盒维数算法）输入灰色关联算法模型中，输出诊断结果（即故障类型及严重程度），用以监测对象轴承的健康状况。

9.1.6　基于改进的分形盒维数与自适应灰色关联理论的轴承故障诊断案例分析

本节所提出的基于改进的分形盒维数算法与自适应灰色关联理论算法的轴承故障诊断方法的具体实施方式以美国凯斯西储大学轴承数据中心的滚动轴承故障诊断为例，具体过程如下。

该滚动轴承故障诊断实验装置由一个扭矩仪、一个功率计、一个三相感应电动机等组成，如图 9.4 所示，载荷功率和转速通过传感器测得。通过控制功率计可以得到期望的扭矩载荷。电动机驱动端的转子由测试轴承（即诊断对象）支撑，并在测试轴承中通过放电加工设置了单点故障，故障直径（即故障严重程度）包括 7mil、14mil、21mil 和 28mil（1mil = 0.001in = 0.0025cm），故障类型包括内圈故障、滚动体故障、外圈故障。电动机驱动端罩壳上安装有一个带宽高达 5000Hz 的加速计，并通过一个记录仪采集测试轴承在不同工作状态下的振动数据，其中采样频率为 12kHz。试验中所用的深沟滚动轴承型号为 6205-2RS JEM SKF。

图 9.4　实验装置

当控制扭矩载荷调整为 0hp[①]且电动机转速为 1797r/min 时，开始采集测试轴承的振动数据。采集轴承正常状态和不同故障类型及故障严重程度下的振动数据用于诊断分析，如表 9.1 所示，根据不同的故障类型及故障严重程度将故障模式细分为 11 类。采集的测试轴承的振动数据共分为 550 个数据样本，每个数据样本包含 2048 个样本数据点，且每两个数据样本之间不重叠。在这 550 个数据样本中，随机选取 110 个数据样本用于建立样本知识库，剩余的 440 个数据样本作为测试样本，用于校验本节所提方法的有效性。

表 9.1 用于诊断分析的测试轴承的振动数据

轴承状态	故障直径/mil	用于建立样本知识库的样本数目	用于测试的样本数目	类别标签
正常	0	10	40	1
内圈故障	7	10	40	2
	14	10	40	3
	21	10	40	4
	28	10	40	5
滚动体故障	7	10	40	6
	14	10	40	7
	28	10	40	8
外圈故障	7	10	40	9
	14	10	40	10
	21	10	40	11

当故障直径为 7mil 时通过传统分形盒维数算法从轴承正常状态和不同故障状态的振动信号中提取的特征向量如表 9.2 所示，当故障直径为 7mil 时通过改进的分形盒维数算法从轴承正常状态和不同故障状态的振动信号中提取的特征向量如图 9.5 所示；当故障类型为内圈故障时通过传统分形盒维数算法从轴承不同故障严重程度的振动信号中提取的特征向量如表 9.3 所示，当故障类型为内圈故障时通过改进的分形盒维数算法从轴承不同故障严重程度的振动信号中提取的特征向量如图 9.6 所示。

表 9.2 当故障直径为 7mil 时通过传统分形盒维数算法从轴承正常状态和不同故障状态的振动信号中提取的特征向量

振动信号	传统分形盒维数
正常	1.5718
内圈故障	1.6173
滚动体故障	1.7511
外圈故障	1.6000

---

① 马力，1hp = 745.7W。

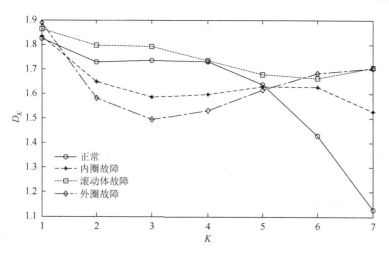

图 9.5   当故障直径为 7mil 时通过改进的分形盒维数算法从轴承正常状态和不同故障状态的振动信号中提取的特征向量

表 9.3   当故障类型为内圈故障时通过传统分形盒维数算法从轴承不同故障严重程度的振动信号中提取的特征向量

振动信号/mil	传统分形盒维数
7	1.6173
14	1.5795
21	1.6356
28	1.6491

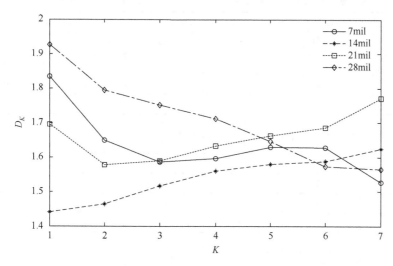

图 9.6   当故障类型为内圈故障时通过改进的分形盒维数算法从轴承不同故障严重程度的振动信号中提取的特征向量

注意：例如，使 $x = \log(k\varepsilon)$，$y = \log N(k\varepsilon)$，则拟合图 9.6 所示内圈故障的拟合曲线可以表示成 $y = -0.000045839x^5 - 0.00078911x^4 + 0.0437x^3 - 0.5092x^2 + 3.9551x - 2.9595$，通过在图 9.6 中对拟合曲线上的 K 个点进行求导，就可以得到改进的分形盒维数。

这里，由于每个数据样本是从原始振动数据中截断的 2048 个时间序列点，这符合分形盒维数的计算规则，因此不需要再次进行重采样。盒子的边长依次从 2^0，2^1，2^2 逐渐增大，直至盒子边长达到 2^{10}，计算覆盖每个数据样本的盒子数量。然后根据 9.1.3 节介绍的方法得到拟合曲线 $\log(k\varepsilon) - \log N(k\varepsilon)$，并得到改进的分形盒维数，作为故障特征的主导特征向量，达到模式识别的目的。

由表 9.2 和表 9.3 可知，通过传统分形盒维数算法所提取的表征故障特征的特征向量仅为一维，且表征不同故障类型及严重程度的特征向量之间比较相近，并不具有明显的区分度。

由图 9.5 和图 9.6 可知，通过改进的分形盒维数所提取表征故障特征的特征向量具有多维特性，且表征不同故障类型及严重程度的特征向量之间具有显著的区分度。

根据故障征兆（即已提取的主导特征向量）与故障模式（即已知的轴承故障类型及严重程度）关系建立样本知识库，作为普通灰色关联算法模型的基准知识库。将待识别的从测试样本提取的表征故障特征的主导特征向量（通过改进的分形盒维数算法）输入普通灰色关联算法模型中，输出诊断结果（即故障类型及严重程度），如表 9.4 所示。

表 9.4　基于传统分形盒维数与改进的分形盒维数特征提取的诊断结果比较

类别标签	用于测试的样本数目	误诊的样本数目		诊断成功率/%	
		传统	改进	传统	改进
1	40	18	0	55	100
2	40	8	0	80	100
3	40	20	4	50	90
4	40	18	0	55	100
5	40	14	0	65	100
6	40	22	4	45	90
7	40	31	0	22.5	100
8	40	32	4	20	90
9	40	22	0	45	100
10	40	31	0	22.5	100
11	40	16	4	60	90
总计	440	232	16	47.2727（总体）	96.3636（总体）

由表 9.4 可知，本节所提出的方法能够准确有效地识别不同的滚动轴承故障类型及故障严重程度；所提出的方法中改进的分形盒维数算法相比于传统分形盒维数算法，能够从轴承的振动信号中提取出更具区分度的表征故障特征的特征向量，因此诊断成功率显著提高，总体高达 96% 以上。

根据故障征兆（即已提取的主导特征向量）与故障模式（即已知的轴承故障类型及严重程度）关系建立样本知识库，作为自适应灰色关联算法模型的基准知识库。将待识别的从测试样本提取的表征故障特征的主导特征向量（通过改进的分形盒维数算法）输入自适应灰色关联算法模型中，输出诊断结果（即故障类型及严重程度），如表 9.5 所示。

表 9.5　基于普通灰色关联算法与自适应灰色关联算法模式识别的诊断结果比较

类别标签	用于测试的样本数目	误诊的样本数目		诊断成功率/%	
		GRA	AGRA	GRA	AGRA
1	40	0	0	100	100
2	40	0	0	100	100
3	40	4	3	90	92.5
4	40	0	0	100	100
5	40	0	0	100	100
6	40	4	2	90	95
7	40	0	0	100	100
8	40	4	4	90	90
9	40	0	0	100	100
10	40	0	0	100	100
11	40	4	3	90	92.5
总计	440	16	12	96.3636（总体）	97.2727（总体）

由表 9.5 可知，本节所提出的方法中自适应灰色关联算法对轴承的故障诊断成功率能够达到 100%，而对不同故障类型及故障严重程度的总体诊断成功率也能达到 97% 以上；本节所提出的方法中自适应灰色关联算法简单易编程，能够较好地解决模式识别算法易用性与准确性的矛盾问题。

为了进一步阐述本节所提方法的有效性，我们使用了另外两种最常用的智能方法（如 BP 神经网络和 SVM）作为比较算法，如表 9.6 所示。

表 9.6　基于 BP 神经网络、SVM 与 AGRA 模式识别的诊断结果比较

类别标签	用于测试的样本数目	误诊的样本数目			诊断成功率/%		
		BP 神经网络	SVM	AGRA	BP 神经网络	SVM	AGRA
1	40	0	0	0	100	100	100
2	40	0	0	0	100	100	100
3	40	40	0	3	0	100	92.5
4	40	0	0	0	100	100	100
5	40	0	0	0	100	100	100
6	40	40	0	2	0	100	95
7	40	40	0	0	0	100	100
8	40	40	7	4	0	82.5	90
9	40	40	7	0	0	82.5	100
10	40	0	0	0	100	100	100
11	40	0	13	3	100	67.5	92.5
总计	440	200	27	12	54.545（总体）	93.864（总体）	97.273（总体）

由表 9.6 可知，上述这三种方法都能准确地识别区分轴承健康和故障状态。然而，由于训练样本数量较少，BP 神经网络的外推和内插性能较差，其诊断结果不可接受（总体诊断成功率仅为 54.545%）。案例分析表明，本节所提出的方法相比较于现有的 BP 神经网络和 SVM 具有更优越的识别分类性能。

为了进一步分析所提出方法的有效性，进行极端的实验验证，我们仅使用这11 个故障类别的一组随机数据样本用于建立自适应灰色关联算法的知识库。将测试样本的改进的分形盒维数特征向量输入 AGRA 与 GRA 模型中，输出诊断结果（即故障类型及严重程度）如表 9.7 所示。

表 9.7　基于改进的分形盒维数与灰色关联理论的轴承故障诊断结果

类别标签	用于测试的样本数目	误诊的样本数目		诊断成功率/%	
		GRA	AGRA	GRA	AGRA
1	40	0	0	100	100
2	40	0	0	100	100
3	40	11	18	55	72.5
4	40	0	0	100	100
5	40	0	0	100	100
6	40	2	2	95	95
7	40	3	3	92.5	92.5
8	40	5	6	85	87.5

续表

类别标签	用于测试的样本数目	误诊的样本数目		诊断成功率/%	
		GRA	AGRA	GRA	AGRA
9	40	1	1	97.5	97.5
10	40	2	3	92.5	95
11	40	11	13	67.5	72.5
总计	440	35	46	89.545（总体）	92.045（总体）

由表 9.7 可知，本节所提出方法在样本知识库中基准样本数目减少时，对不同故障类型及故障严重程度的总体诊断成功率会降低，但仍表现出良好的鲁棒性和可靠性，AGRA 的总体诊断成功率仍然可以达到 92%以上，且对故障状态识别成功率仍能保持 100%。

与其他两种现有智能方法（即 BP 神经网络和 SVM）的相关比较如表 9.8 所示。

表 9.8　基于改进的分形盒维数与 AGRA、BP 神经网络、SVM 的轴承故障诊断结果

类别标签	用于测试的样本数目	误诊的样本数目			诊断成功率/%		
		BP 神经网络	SVM	AGRA	BP 神经网络	SVM	AGRA
1	40	36	0	0	10	100	100
2	40	12	0	0	70	100	100
3	40	32	28	18	20	30	72.5
4	40	8	0	0	80	100	100
5	40	16	0	0	60	100	100
6	40	40	20	2	0	50	95
7	40	40	4	3	0	90	92.5
8	40	16	0	6	60	100	87.5
9	40	16	16	1	60	60	97.5
10	40	12	24	3	70	40	95
11	40	28	16	13	30	60	72.5
总计	440	256	108	46	41.818（总体）	75.454（总体）	92.045（总体）

从表 9.8 中可以看出，与现有智能诊断方法（即 BP 神经网络和 SVM）相比，本节所提方法可以有效地解决小样本学习问题，可以基于极少样本来达到准确识别不同的轴承故障类型及故障严重程度的目的。

综上所述，本节提出了一种基于改进的分形盒维数与灰色关联理论的轴承故障诊断方法，通过案例分析可以得到以下有意义的结论。

（1）本节所提方法能够准确有效地识别不同的轴承故障类型及故障严重程度。

（2）改进的分形盒维数算法相比传统的一维分形盒维数算法，能够从轴承的振动信号中提取出更具区分度的表征故障特征的特征向量。

（3）基于改进的分形盒维数与自适应灰色关联算法的轴承故障诊断方法对轴承故障状态的诊断成功率能够达到100%，而对不同故障类型及故障严重程度的总体诊断成功率也能达到97%以上。

（4）在样本知识库中基准样本数目减少时，对不同故障类型及故障严重程度的总体诊断成功率会降低，但对故障状态诊断成功率仍能保持100%。

（5）基于改进的分形盒维数与自适应灰色关联算法的轴承故障诊断方法简单易编程，能够较好地解决模式识别算法易用性与准确性的矛盾问题。

9.2　基于多重分形理论与灰色关联理论的轴承故障诊断方法

多重分形也常被称为多标度分形。1975年，Mandelbrot研究湍流的时候，首先提出了多重分形理论，是定义在分形结构上的、由若干个标度指数分形的测度所组成的一个无限集合。多重分形理论主要研究的是事物或者某物理量在几何尺度上的分布，而这种分布经常会表现出某种奇异性（或称为不规则性），为了研究这些物理量的某种奇异性进而引入了多重分形理论。

9.2.1　轴承振动信号的多重分形维数特征提取

多重分形描述的是事物不同层次的特征，讨论的是参量的概率分布特性。

具体计算过程如下。

把研究对象（即轴承振动信号）分为 M 个小区域，设第 i 个区域的线度大小为 ε_i，则第 i 个区域的概率密度函数 P_i 用不同的标度指数 α_i 描述为

$$P_i = \varepsilon_i^{\alpha_i}, \quad i = 1, 2, \cdots, M \tag{9.40}$$

式中，非整数 α_i 一般称为奇异指数，其取值与区域有关。

为了得到一系列子集的分布特性，定义函数 $X_q(\varepsilon)$ 为各个区域的概率加权求和：

$$X_q(\varepsilon) = \sum_{i=1}^{M} P_i^q \tag{9.41}$$

式中，q 是第 i 个区域的概率密度函数 P_i 的指数。

由此，进一步定义广义多重分形维数 D_q 为

$$D_q = \frac{1}{q-1}\lim_{\varepsilon\to 0}\frac{\log X_q(\varepsilon)}{\log\varepsilon} = \frac{1}{q-1}\lim_{\varepsilon\to 0}\frac{\log\left(\sum_{i=1}^{M}P_i^q\right)}{\log\varepsilon} \tag{9.42}$$

$X_q(\varepsilon)$ 显示了 P_i 的作用，从式（9.42）中可以看出，当 $q\gg 1$ 时，$\sum_{i=1}^{M}P_i^q$ 中概率大的区域起主要作用，此时的 $X_q(\varepsilon)$ 和 D_q 反映的是概率高区域（稠密区域）的性质；当 $q\to\infty$ 时，可以忽略小的概率，而只考虑概率较大的 P_i，从而对 D_q 的计算进行简化。相反地，当 $q\ll 1$ 时，$X_q(\varepsilon)$ 和 D_q 反映的是概率小区域（稀疏区域）的性质。这样，不同概率特性区域的性质通过不同的 q 值进行了体现，在加权求和处理之后，一个信号序列被分成了许多区域，而这些区域，具有不同奇异程度。因此，就可以通过广义多重分形维数来分层次地了解信号内部的精细结构。

当 $q = 0,1,2$ 时，分别定义 D_q 为容量维数（盒维数）D_0、信息维数 D_1、关联维数 D_2。通过对轴承振动信号进行相空间重构求取 P_i，对信号的不同概率特性提取特征，就可以得到多层次特征提取结果。

9.2.2　基于多重分形维数与灰色关联理论的轴承故障诊断过程

本节提出了一种基于多重分形维数算法和灰色关联算法的轴承故障诊断方法[2]，如图 9.7 所示。

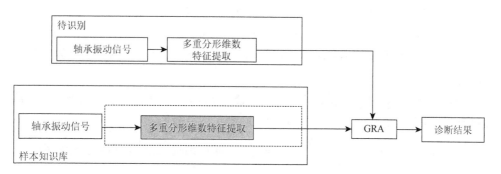

图 9.7　基于多重分形维数算法和灰色关联算法的轴承故障诊断方法

具体包括以下步骤。

（1）对燃气轮机系统中的对象轴承在不同工作状态下（包含正常运行和各种不同故障类型及严重程度情况）的振动信号进行采样，用于建立样本知识库。

（2）通过多重分形维数算法从采集的轴承振动信号数据样本中提取表征故障特征的主导特征向量。

（3）根据故障征兆（即已提取的主导特征向量）与故障模式（即已知的滚动轴承的故障类型及严重程度）关系建立样本知识库，作为灰色关联算法模型的基准知识库。

（4）将待识别的从轴承振动信号提取的表征故障特征的主导特征向量（通过多重分形维数算法）输入灰色关联算法模型中，输出诊断结果（即故障类型及严重程度），用以监测对象轴承的健康状况。

9.2.3　基于多重分形维数与灰色关联理论的轴承故障诊断案例分析

本节所提出的基于多重分形维数算法与自适应灰色关联算法的轴承故障诊断方法的具体实施方式以美国凯斯西储大学轴承数据中心的滚动轴承故障诊断为例。

该滚动轴承故障诊断实验装置如 9.1.6 节所述。采集轴承正常状态和不同故障类型及故障严重程度下的振动数据用于诊断分析，如表 9.1 所示，根据不同的故障类型及故障严重程度将故障模式细分为 11 类。采集的测试轴承的振动数据共分为 550 个数据样本，每个数据样本包含 2048 个样本数据点，且每两个数据样本之间不重叠。在这 550 个数据样本中，随机选取 110 个数据样本用于建立样本知识库，剩余的 440 个数据样本作为测试样本，用于校验本节所提方法的有效性。

详细的诊断过程如下。

（1）首先对轴承振动信号进行预处理，即进行离散化。

设接收到的轴承振动信号为 s ，预处理后的离散信号序列为 $\{s(i)\}$ ，其中 $i = 1, 2, \cdots, N_0$ ，表示信号的采样点数， N_0 为信号序列的长度。

（2）将离散化后的轴承振动信号序列进行重组。

首先对预处理后的离散轴承振动信号序列 $\{s(i)\}$ $(i = 1, 2, \cdots, N_0)$ 定义以下特征参量。

定义： $n = \log_2 N_0$ 表示重组信号的次数； $t(j) = 2^j$ ，表示第 j 次重组信号中离散振动信号点的个数，其中， $j = 1, 2, \cdots, n$ 。

定义序列： $T(j) = \dfrac{N_0}{t(j)} = \dfrac{N_0}{2^j}$ ， $j = 1, 2, \cdots, n$ ；则定义第 j 次重组信号序列为

$$s(j) = s(T(j) \cdot (t(j) - 1) + T_0(j))$$

式中

$$T_0(j) = [1 : T(j)], \quad j = 1, 2, \cdots, n$$

（3）对所有重组的离散振动信号序列 $s(j)$ $(j = 1, 2, \cdots, n)$ 进行多重分形维数计算，提取轴承振动信号的多重分形维数特征，过程如下。

把研究对象（所有重组的离散振动信号序列 $s(j)$，$j=1,2,\cdots,n$）分为 M 个小区域，取第 i 个区域的线度大小为 ε_i，第 i 个区域的密度分布函数 P_i，则不同区域 i 的标度指数 α_i 可以描述为

$$P_i = \varepsilon_i^{\alpha_i}, \quad i=1,2,\cdots,M$$

非整数 α_i 称为奇异指数，表示第 i 个区域的分形维数。

定义：$X_q(\varepsilon)=\sum_{i=1}^{M}P_i^q$；广义分形维数 D_q 为

$$D_q = \frac{1}{q-1}\lim_{\varepsilon\to0}\frac{\log X_q(\varepsilon)}{\log\varepsilon} = \frac{1}{q-1}\lim_{\varepsilon\to0}\frac{\log\left(\sum_{i=1}^{M}P_i^q\right)}{\log\varepsilon}$$

对第 j 次重组信号 $s(j)$ 求和得

$$s_j = \sum s(j) = \sum s(T(j)\cdot(t(j)-1)+T_0(j))$$
$$= \sum_{T_0(j)=1}^{T(j)} s(T(j)\cdot(t(j)-1)+T_0(j))$$

对整个离散信号序列求和得

$$s = \sum_{i=1}^{N_0} s(i)$$

定义：

$$P_j = \frac{s_j}{s}, \quad j=1,2,\cdots,n;n=N$$

将 P_j 代入多重分形维数 D_q 计算式中，即可得到信号的多重分形维数特征。

（4）对提取的轴承振动信号特征利用灰色关联理论与知识库中的已知故障类型信号的多重分形维数特征进行关联计算，判断未知轴承振动信号的故障类型及故障严重程度为关联度最大的信号的故障模式，即实现了对轴承振动信号的故障模式分类识别。

取 q 值从 $-q_0\sim q_0$，则计算出信号的多重分形维数共有 $2q_0+1$ 重特征，每重特征即每个 q 值对应共有 $n=\log_2 N_0$ 个特征点，对于一个轴承振动信号，构成的特征向量共有 $N=(2q_0+1)\cdot n=(2q_0+1)\cdot\log_2 N_0$ 个特征点，将其构成一个未知振动信号的多重分形维数特征向量，利用自适应灰色关联理论对此特征向量与知识库中的已知信号的特征序列进行关联计算，判断未知轴承振动信号的故障模式为关联度最大的信号的故障模式。

当故障直径为 7mil 时，通过多重分形维数算法从轴承正常状态和不同故障状态的振动信号（图9.8）中提取的特征向量如图9.9所示；当故障类型为内圈故障

时通过多重分形维数算法从轴承不同故障严重程度的振动信号（图 9.10）中提取的特征向量如图 9.11 所示。

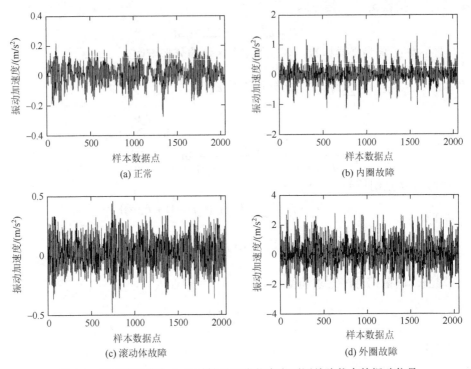

图 9.8　当故障直径为 7mil 时轴承正常状态和不同故障状态的振动信号

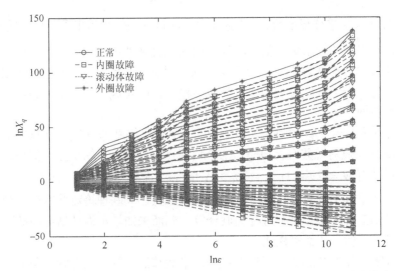

图 9.9　当故障直径为 7mil 时通过多重分形维数算法从轴承正常状态和不同故障状态的振动信号中提取的特征向量

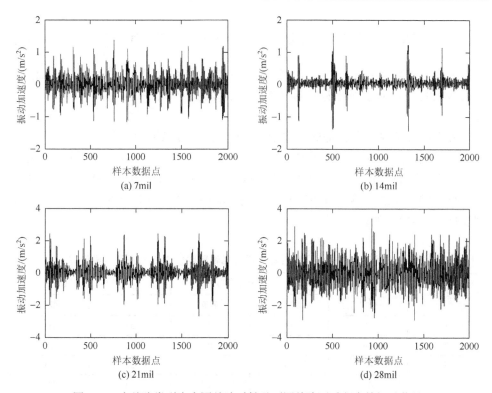

图 9.10　当故障类型为内圈故障时轴承不同故障严重程度的振动信号

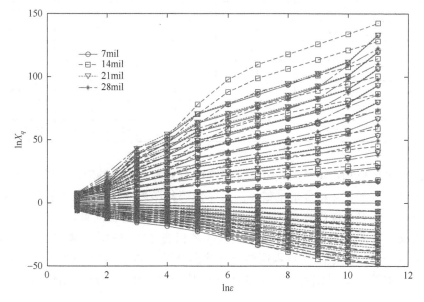

图 9.11　当故障类型为内圈故障时通过多重分形维数算法从轴承不同故障严重程度的振动信号
中提取的特征向量

图中，横坐标代表重构相空间的维数，记为 $\ln\varepsilon$，纵坐标代表 $\sum_{i=1}^{M} P_i^q$，记为 $\ln X_q$。

由图 9.9 和图 9.11 可知，通过多重分形维数所提取表征故障特征的特征向量具有多维特性，且表征不同故障类型及严重程度的特征向量之间具有显著的区分度。

根据故障征兆（即已提取的主导特征向量）与故障模式（即已知的滚动轴承的故障类型及严重程度）关系建立样本知识库，作为自适应灰色关联算法模型的基准知识库。将待识别的从测试样本提取的表征故障特征的主导特征向量（通过多重分形维数算法）输入自适应灰色关联算法模型中，输出诊断结果（即故障类型及严重程度），如表 9.9 所示。

表 9.9　基于传统分形盒维数与多重分形维数特征提取的诊断结果比较

类别标签	用于测试的样本数目	误诊的样本数目		诊断成功率/%	
		传统	多重	传统	多重
1	40	18	0	55	100
2	40	8	0	80	100
3	40	20	0	50	100
4	40	18	3	55	92.5
5	40	14	0	65	100
6	40	22	2	45	95
7	40	31	3	22.5	92.5
8	40	32	3	20	92.5
9	40	22	0	45	100
10	40	31	0	22.5	100
11	40	16	4	60	90
总计	440	232	15	47.2727（总体）	96.59（总体）

由表 9.9 可知，本节所提方法能够准确有效地识别不同的滚动轴承故障类型及故障严重程度；多重分形维数算法相比传统分形盒维数算法，也能够从滚动轴承的振动信号中提取出更具区分度的表征故障特征的特征向量，因此诊断成功率显著提高；自适应灰色关联算法对轴承故障状态诊断成功率能够达到 100%，而对不同故障类型及故障严重程度的总体诊断成功率也能达到 96% 以上；自适应灰色关联算法简单易编程，也能够较好地解决模式识别算法易用性与准确性的矛盾问题。

为了进一步分析所提出方法的有效性，进行极端的实验验证，仅使用这 11 个故障类别的一组随机数据样本用于建立自适应灰色关联算法模型的知识库。将测试样本的特征向量输入自适应灰色关联算法模型中,输出诊断结果如表 9.10 所示。

表 9.10　基于多重分形维数与灰色关联理论的轴承故障诊断结果

类别标签	用于测试的样本数目	误诊的样本数目		诊断成功率/%	
		多重	灰色关联理论	多重	灰色关联理论
1	40	38	0	5	100
2	40	7	0	82.5	100
3	40	27	2	30	95
4	40	29	15	27.5	62.5
5	40	6	11	85	72.5
6	40	27	17	32.5	57.5
7	40	28	6	30	85
8	40	23	22	42.5	45
9	40	10	0	75	100
10	40	33	0	17.5	100
11	40	17	10	57.5	75
总计	440	245	83	44.0909（总体）	81.14（总体）

从表 9.10 中可以看出,本节所提出的方法在这种极端的实验验证中仍表现出良好的鲁棒识别效果,诊断成功率仍然可以达到 81% 以上,而检测出轴承故障的诊断成功率仍然是 100%。

综上所述,本节提出了一种基于多重分形维数与灰色关联理论的轴承故障诊断方法,通过案例分析可以得到以下有意义的结论。

（1）本节所提方法能够准确有效地识别不同的滚动轴承故障类型及故障严重程度。

（2）多重分形维数算法相比传统的一维分形盒维数算法,也能够从轴承的振动信号中提取出更具区分度的表征故障特征的特征向量。

（3）基于多重分形维数与自适应灰色关联算法的轴承故障诊断方法对轴承故障状态诊断成功率能够达到 100%,而对不同故障类型及故障严重程度的总体诊断成功率也能达到 96% 以上。

（4）在样本知识库中基准样本数目减少时,对不同故障类型及故障严重程度的总体诊断成功率会降低,但对故障状态诊断成功率仍能保持 100%。

（5）基于多重分形维数与自适应灰色关联算法的轴承故障诊断方法简单易编程,也能够较好地解决模式识别算法易用性与准确性的矛盾问题。

参 考 文 献

[1]　Cao Y P，Ying Y L，Li J C，et al. Study on rolling bearing fault diagnosis approach based on improved generalized fractal box-counting dimension and adaptive gray relation algorithm[J]. Advances in Mechanical Engineering，2016，8（10）：1687814016675583.

[2]　Li J C，Cao Y P，Ying Y L，et al. A rolling element bearing fault diagnosis approach based on multifractal theory and gray relation theory[J]. PloS One，2016，11（12）：e0167587.

第10章　基于多特征提取与灰色关联理论相结合的轴承故障诊断研究

10.1　基于多特征提取的轴承故障诊断方法

自然界的事物时刻都处于不断的运动与变化之中，且在这些动态的过程中，蕴含着十分丰富的可以揭示事物本质的信息，这就使特征提取成为研究者日益关注的话题。假设待描述的不断随时间变化的物理量为$x(t)$，时间t为自变量，则待描述信号$x(t)$是信号特征信息的载体，信号的具体内容即为要提取的信息，而信号特征提取的基本任务就是，从信号$x(t)$中获得特征信息的过程。信号的特征提取以对信号的处理和分析为基础，是工程应用学科、数学以及物理学的综合体现，且其深度融合了调和分析、统计分析、逼近论与信息论等方法。

目前，特征提取已经广泛地应用于语音分析、地质勘测、图像处理、生物工程、机械故障诊断、军事目标识别等各个科学及工程领域中。信号的多变性、随机性和信号特征的模糊性共同决定了个体特征提取的复杂度，这就使对特征提取理论和方法的研究处于具体与抽象、离散与连续、起因与结果、有限与无限、偶然与必然等对立统一的相对矛盾中，这一直是国内外学者广泛关注的、具有一定挑战性的研究方向，如今，其在故障诊断、人工智能、模式识别等领域已成为近几年来研究的焦点问题。

在第9章，我们已经重点介绍了基于分形理论的特征提取算法，并将其应用于轴承振动信号的主导特征提取之中。在本章，将继续深入介绍特征提取这一模块。特征提取的好坏直接关系到系统最终的识别效果。其基本任务是提取能够代表信号信息的基本特征，在需要的条件下，还要从众多的特征中找出几组对分类最有效的特征，即把高维的特征空间映射到低维的特征空间，选取能够代表信号信息的最重要的特征，以便于有效地设计分类器。但是，在很多时候，从实际环境中找到那些最有效的特征并不是很容易，使特征提取和选择成为个体识别中最困难的任务之一，因此，如何利用相关理论，提取信号的细微特征，越来越受到学者的重视。

目前，常用的信号特征提取方法包括如下。

（1）时域分析法。常见的有：幅值分析法、相关域分析法、参数模型分析法、波形分析法、信号包络分析法等。

（2）频域分析法。常见的有：功率谱分析法、最大熵谱分析法、倒谱分析法、包络谱分析法、三维谱阵分析法等。

（3）时频域分析法。常见的有：短时傅里叶变换法、小波分析法、Wigner-Ville分布法、Choi-Wiliam分布法等。

本节针对轴承振动信号识别中的特征提取这一步骤，提出了基于熵值特征、Holder 系数特征的信号特征提取算法，这两种算法计算较为简单，提取到的轴承振动信号特征具有一定的类内聚集度和类间分离度，同时，也为基于多特征提取的轴承故障诊断做准备。

10.1.1 轴承振动信号的多特征提取

1. 基于熵特征的特征提取算法

在由大量原子、分子等粒子构成的系统中，粒子呈现出各种排序方式，其中，粒子间无规则排列的程度可以用熵来表示，即表示系统的紊乱程度，系统中粒子排列越"乱"，则系统的熵值就越大；系统中的内容越有序，熵值就越小。控制理论的创始人维纳曾说过："一个系统的熵，代表了它无组织程度的度量。"且根据熵增加原理可知，对于一个孤立的封闭子系统，其熵值总是向增加的方向变化，即系统总是从有序向无序的方向进行。

另外，信息和熵存在着互补的关系，可以说，信息就是负熵，这也是关于熵的定义中，负号存在的意义。它们之间的关系可以总结为，一个系统的有序程度越高，其熵值就越小，但其所含的信息量就越大；反之，系统的无序程序越高，其熵值就越大，系统所含有的信息量就越小。

信息理论的快速发展，使利用信息理论的方法对轴承振动信号进行特征提取成为可能。熵是用来衡量信号分布状态的不确定性和信号的复杂程度的特性指标，因此，可以对信号内部蕴含的信息进行定量描述。这也为利用熵值分析法对信号的特征进行定量描述，提供了一定的理论依据。常用的信息熵有：时域信息熵、频域信息熵、时频域信息熵以及复杂度信息熵等。本节将重点介绍常用的基于熵值分析法的特征提取算法，为后续的特征提取与选择提供相应的基础特征值。

1）熵特征基本定义

"熵"在信息理论中是一个至关重要的概念，它是信息不确定性的一种度量。设事件集合为 X ，并用 n 维概率矢量 $\boldsymbol{P} = (P_1, P_2, \cdots, P_n)$ 来表示各个事件的概率集合，并且满足

$$0 \leqslant P_i \leqslant 1 \qquad (10.1)$$

和

$$\sum_{i=1}^{n} P_i = 1 \qquad (10.2)$$

则熵 E 可以定义为

$$E(\boldsymbol{P}) = E(P_1, P_2, \cdots, P_n) = -\sum_{i=1}^{n} P_i \ln P_i \qquad (10.3)$$

因此，熵 E 可以被看作 n 维概率矢量 $\boldsymbol{P} = (P_1, P_2, \cdots, P_n)$ 的函数，因此我们定义其为熵函数。

由熵函数的定义可知， $E(\boldsymbol{P})$ 具有以下性质。

（1）对称性。当概率矢量 $\boldsymbol{P} = (P_1, P_2, \cdots, P_n)$ 中的各分量 $P_1, P_2, \cdots, P_n$ 的顺序任意改变时，熵函数 $E(\boldsymbol{P})$ 的值不变，即熵的结果只与集合 X 的总体统计特性有关。

（2）非负性。熵函数值是一个非负值，即

$$E(P_1, P_2, \cdots, P_n) \geqslant 0 \qquad (10.4)$$

（3）确定性。若集合 X 中，只要有一个是必然事件，则其熵值必定为零。

（4）极值性。当集合 X 中，各事件均以相等的概率出现时，其熵值取最大值，即当 $P_1 = P_2 = \cdots = P_n = \dfrac{1}{n}$ 时，有

$$E(P_1, P_2, \cdots, P_n) \leqslant E\left(\frac{1}{n}, \frac{1}{n}, \cdots, \frac{1}{n}\right) = \ln n \qquad (10.5)$$

在香农熵定义的基础上，本节又引入了指数熵的定义，通过构成二维特征熵，进而对轴承振动信号进行更好的识别。

假设某事件的概率为 P_i，则其所具有的信息量可以定义为

$$\Delta I(P_i) = e^{1-P_i} \qquad (10.6)$$

根据熵的基本定义，则指数熵 E 可以定义为

$$E = \sum_{i=1}^{n} P_i e^{1-P_i} \qquad (10.7)$$

从式（10.6）和式（10.7）的定义可以清楚地看出，其与传统的信息量 $\Delta I(P_i) = \log(1/P_i)$ 相对比，其定义具有相同的意义。且 $\Delta I(P_i)$ 的定义域为 $[0,1]$，在定义域范围内，其为单调减函数，其值域为 $[1, e]$；当且仅当所有事件的概率 P_i 都相等时，熵 E 取得最大值。

熵值分析算法是利用信息的不确定性对特征进行选择的一种算法，且在使用该算法时，不必知道信号特征量的大小及其具体分布细节，计算量小，因此，是一种较为简单的特征提取算法。

2）熵特征提取算法实现步骤

熵在信息理论中是一个至关重要的概念，它是信息不确定性的一种度量。熵是用来衡量信号分布状态的不确定性和信号复杂程度的特性指标，因此，可以对信号内部蕴含的信息进行定量描述。这也为利用熵值分析法对振动信号的特征进行定量描述，提供了一定的理论依据。针对轴承振动信号识别中特征提取这一重要步骤，本节提出了基于熵值理论的特征提取算法，提取信号的熵值特征。首先，对信号进行 FFT 和 Chirp-z 变换，在变换信号之后，求信号的香农熵值、指数熵值作为信号的二维特征，进而达到对信号进行识别的目的。

特征提取的具体实施步骤如下。

（1）对信号进行两种变换，即 FFT 与 Chirp-z 变换；

（2）求取变换后的信号的频谱，即求信号的香农熵、指数熵特征。

基于 FFT 的香农熵与指数熵特征的特征提取算法具有计算较为简单的优势，其具体计算步骤如下。

设轴承振动信号为 f，首先对信号进行采样，将信号离散化为离散信号序列 $f(i), i = 1, 2, \cdots, n$，$n$ 表示离散信号的点数，进行 FFT，即

$$F(k) = \sum_{i=1}^{n} f(i) \exp\left(-j\frac{2\pi}{n}ik\right), \quad k = 1, 2, \cdots, n \qquad (10.8)$$

求得振动信号频谱后，计算各个点的能量：

$$\mathrm{En}_k = |F(k)|^2 \qquad (10.9)$$

计算各个点的总能量值：

$$\mathrm{En} = \sum_{k=1}^{n} \mathrm{En}_k \qquad (10.10)$$

计算各个点的能量在总能量中所占的概率比例：

$$P_k = \frac{\mathrm{En}_k}{\mathrm{En}} = \frac{\mathrm{En}_k}{\sum_{k=1}^{n} \mathrm{En}_k} \qquad (10.11)$$

对当前振动信号进行香农熵 E_1 和指数熵 E_2 计算：

$$E_1 = -\sum_{i=1}^{n} P_i \ln P_i \qquad (10.12)$$

$$E_2 = \sum_{i=1}^{n} P_i \mathrm{e}^{1-P_i} \qquad (10.13)$$

将熵特征 $[E_1, E_2]$ 作为轴承故障模式识别的主导特征向量的二维特征向量。

有时候，人们需要计算信号某一范围内的较密集的取样点的频谱，或者非等间隔采样点的频谱，甚至可能需要频谱的采样点在某一条螺旋线上，而不是在单位圆上。对于这些频谱的计算要求，离散傅里叶变换（discrete Fourier transform，DFT）已经无法满足要求。这些情况下，采用线性调频 z 变换（chirp Z transform，CZT）算法是一种较为有效的计算方法。

基于 Chirp-z 变换的香农熵与指数熵的特征提取算法描述如下。

（1）求解步骤与基于 FFT 的特征提取算法相同，只是在时频域变换的这一步骤，利用的是 Chirp-z 变换。由于 Chirp-z 变换的基本原理是，截取原函数中特征比较明显的一段，对其进行傅里叶变换，因此能够消除傅里叶变换的零值频谱，从而减少噪声对信号的频谱的影响。

（2）把信号从时域变换到频域后，其他的计算步骤与 FFT 相同，同理，可以求得各个信号的香农熵值与指数熵值。

2. 基于 Holder 系数的特征提取算法

Holder 系数算法是由 Holder 不等式演化而来的。本节首先给出了 Holder 不等式的基本定义，以及 Holder 系数的由来，描述了基于 Holder 系数的轴承振动信号特征提取算法。在 Holder 系数的定义中，当 p、q 取值不同时，会产生多种计算结果，因此，在 Holder 系数算法的应用过程中，如何选择合适的 p、q 值也是该算法取得较好识别效果的关键。相像系数算法是 Holder 系数算法的一种特例，且在特征提取中应用较为广泛，目前已较为广泛地应用于雷达信号的特征选择中，并取得了一定的成就，然而，相像系将 Holder 系数公式中的 p、q 的取值局限化了，这直接影响到了提取特征值的聚类特性。

1）Holder 系数基本定义

Holder 不等式的定义可以描述如下。

对任意向量 $X = [x_1, x_2, \cdots, x_n]^\mathrm{T}$，$Y = [y_1, y_2, \cdots, y_n]^\mathrm{T}$，且 $X \in \mathbf{C}^n$，$Y \in \mathbf{C}^n$，有

$$\sum_{i=1}^{n} |x_i \cdot y_i| \leqslant \left(\sum_{i=1}^{n} |x_i|^p \right)^{\frac{1}{p}} \cdot \left(\sum_{i=1}^{n} |y_i|^q \right)^{\frac{1}{q}} \tag{10.14}$$

恒成立，其中，$\dfrac{1}{p} + \dfrac{1}{q} = 1$，且 $p, q > 1$。

进一步，对 Holder 不等式进行证明。

为了使证明简单化，首先引入不等式：

$$a^\lambda b^{1-\lambda} \leqslant \lambda a + (1-\lambda)b \tag{10.15}$$

式中，$a,b \geqslant 0$；$0 < \lambda < 1$。

利用分析法对该不等式进行证明。欲证明该不等式成立，只需证明：

$$\left(\frac{a}{b}\right)^{\lambda} - \lambda\left(\frac{a}{b}\right) \leqslant 1 - \lambda \tag{10.16}$$

变量替换，令 $t = \dfrac{a}{b}$，即

$$t^{\lambda} - \lambda t \leqslant 1 - \lambda \tag{10.17}$$

设 $f(t) = t^{\lambda} - \lambda t$，则其导数为

$$f'(t) = \lambda t^{\lambda - 1} - \lambda$$

对 $f'(t)$ 进行分析可知，当 $0 < t < 1$ 时，函数为增函数；当 $t > 1$ 时，函数为减函数，所以，$f(t) \leqslant f(1) = 1 - \lambda$，因此得证。

再令 $\lambda = \dfrac{1}{p}$，$a = |x|^p$，$b = |y|^q$，且 $\dfrac{1}{p} + \dfrac{1}{q} = 1$，代入式（10.17），即可得

$$xy \leqslant \frac{1}{p}|x|^p + \frac{1}{q}|y|^q \tag{10.18}$$

再令 $x = \dfrac{|x_i|}{\left(\sum\limits_{i=1}^{n}|x_i|^p\right)^{1/p}}$，$y = \dfrac{|y_i|}{\left(\sum\limits_{i=1}^{n}|y_i|^q\right)^{1/q}}$，则

$$\frac{|x_i y_i|}{\left(\sum\limits_{i=1}^{n}|x_i|^p\right)^{1/p}\left(\sum\limits_{i=1}^{n}|y_i|^q\right)^{1/q}} \leqslant \frac{1}{p}\left|\frac{|x_i|}{\left(\sum\limits_{i=1}^{n}|x_i|^p\right)^{1/p}}\right| + \frac{1}{q}\left|\frac{|y_i|}{\left(\sum\limits_{i=1}^{n}|y_i|^q\right)^{1/q}}\right| \tag{10.19}$$

式（10.19）两边对 i 从 1 到 n 求和，则

$$\frac{\sum\limits_{i=1}^{n}|x_i y_i|}{\left(\sum\limits_{i=1}^{n}|x_i|^p\right)^{1/p}\left(\sum\limits_{i=1}^{n}|y_i|^q\right)^{1/q}} \leqslant 1 \tag{10.20}$$

由此，Holder 不等式得证。

在 Holder 不等式定义的基础上，设离散正值信号 $\{f_1(i) \geqslant 0, i = 1,2,\cdots,n\}$，$\{f_2(i) \geqslant 0, i = 1,2,\cdots,n\}$，若 $p,q > 1$，且 $\dfrac{1}{p} + \dfrac{1}{q} = 1$，则定义两个离散信号的 Holder 系数为

$$H_c = \frac{\sum\limits_{i=1}^{n} f_1(i)f_2(i)}{\left(\sum\limits_{i=1}^{n} f_1^p(i)\right)^{1/p} \left(\sum\limits_{i=1}^{n} f_2^q(i)\right)^{1/q}} \qquad (10.21)$$

式中，离散正值信号 $\{f_1(i), i=1,2,\cdots,n\}$，$\{f_2(i), i=1,2,\cdots,n\}$ 不恒为 0，且 $0 \leqslant H_c \leqslant 1$。

特殊地，当 $p=q=2$ 时，定义其为相像系数。由以上定义可知，相像系数是 Holder 系数的一种特例。

2）Holder 系数特征提取算法实现步骤

从上述 Holder 系数的基本定义中可知，Holder 系数表征了两个信号之间的相似关联程度，当且仅当 $f_1^p(i)=kf_2^q(i)$，$i=1,2,\cdots,n$，k 为实数时，H_c 取最大值 1，其中，n 表示信号的离散点数，此时两个信号的相似关联程度最大，表征两个信号是属于同一种类型的信号；当且仅当 $\sum\limits_{i=1}^{n} f_1(i)f_2(i)=0$ 时，H_c 取最小值 0，此时，两个信号的关联相似程度最小，表明两种信号毫不相关，为不同类型的信号。

根据以上理论分析可知，利用基于 Holder 系数的特征提取算法对不同的通信信号进行特征提取，再进行聚类分析是可能的。算法实现流程如下。

（1）对轴承振动信号进行采样，将信号离散化为离散信号序列，再进行傅里叶变换，将信号从时域转化到频域，同时，对信号进行归一化处理，预处理后的信号序列表示为 $f(i), i=1,2,\cdots,n$。

（2）预处理后不同的信号的谱特征具有不同的分布特性，彼此之间不完全相似，因此，选择两种不同的参考序列，构成二维向量分布特征，保证不同的振动信号间具有很好的类内聚合度和类间分离度。以矩形信号序列 $s_1(i)$ 和三角信号序列 $s_2(i)$ 作为参考序列，计算轴承振动信号 $f(i)$ 与这两个参考信号序列的 Holder 系数值。计算之前，首先估计当前振动信号 $f(i)$ 的频率范围，再设置矩形信号和三角信号的频率范围与之相匹配，其后具体计算过程如下。

计算振动信号 $f(i)$ 与矩形信号序列 $s_1(i)$ 的 Holder 系数值 H_1，即

$$H_1 = \frac{\sum\limits_{i=1}^{n} f(i)s_1(i)}{\left(\sum\limits_{i=1}^{n} f^p(i)\right)^{1/p} \left(\sum\limits_{i=1}^{n} s_1^q(i)\right)^{1/q}} \qquad (10.22)$$

式中，矩形信号序列 $s_1(i)$ 表示为

$$s_1(i) = \begin{cases} 1, & 1 \leqslant i \leqslant n \\ 0, & \text{其他} \end{cases} \qquad (10.23)$$

同理求得振动信号 $f(i)$ 与三角信号序列 $s_2(i)$ 的 Holder 系数值 H_2 ，即

$$H_2 = \frac{\displaystyle\sum_{i=1}^{n} f(i)s_2(i)}{\left(\displaystyle\sum_{i=1}^{n} f^p(i)\right)^{1/p} \left(\displaystyle\sum_{i=1}^{n} s_2^{\,q}(i)\right)^{1/q}} \qquad (10.24)$$

式中，三角信号序列 $s_2(i)$ 表示为

$$s_2(i) = \begin{cases} 2i/n, & 1 \leqslant i \leqslant n/2 \\ 2 - 2i/n, & n/2 \leqslant i \leqslant n \end{cases} \qquad (10.25)$$

将 Holder 系数特征 $[H_1, H_2]$ 作为轴承故障模式识别的主导特征向量的另外二维特征向量。

从 Holder 系数的定义公式以及基于 Holder 系数的特征提取算法可以看出，Holder 系数的计算方法，相当于对两个函数的关联程度的计算，其计算结果与三个因素有关，包括两个离散函数信号的数学表达式、离散信号的长度以及定义中 p、q 值的选择。

对于两个已知的离散信号，p、q 值的选择将会改变 Holder 系数值的大小。而当 p、q 的值确定时，两个离散信号的长度 n 越大，信号的 Holder 系数值就越小，这在数学基础上已经得到了证明。对于经过预处理的相同轴承故障模式下的振动信号，由于信号序列 $f(i)$ 的形式相同，且其归一化后的信号带宽相同，离散信号序列 $f(i)$ 的长度也相同，这时，任意选择一组 p、q 值，对于相同轴承故障模式下的振动信号，其 Holder 系数值都会十分接近，这表明了 Holder 系数特征具有比较好的类内聚合度。而对于经过预处理的不同轴承故障模式下的振动信号，由于离散信号 $f(i)$ 的形式不相同，且其归一化后的信号带宽也不同，信号序列 $f(i)$ 的长度也不相同，这时，如果固定一组 p、q 值，如 $p = q = 2$，即采用相像系数法，可能会导致不同信号的 Holder 系数值比较相近或者完全相同，这使得所提取的特征的类间距离较小，难以达到满意的识别效果。所以，必须适当地调整 p、q 值，才能使提取的 Holder 系数特征，既具有较好的类内聚合度，又具有较大的类间距离。

3. 基于分形盒维数的特征提取算法

基于分形盒维数的特征提取算法和基于改进的分形盒维数的特征提取算法已在 9.1.2 节和 9.1.3 节详细论述。

将上述提取的熵特征值 $[E_1, E_2]$ 与 Holder 系数特征值 $[H_1, H_2]$ 以及改进的分形盒维数特征 $[D_1, D_2, \cdots, D_K]$ 组成多维联合特征向量，即 $[E_1, E_2, H_1, H_2, D_1, D_2, \cdots, D_K]$，作为当前振动信号的主导特征向量，用于后续的分类器识别。

10.1.2　基于灰色关联理论的轴承故障模式识别

灰色关联理论的研究是灰色系统的基础，它主要基于空间数学的基础理论来计算参考特征向量与每个待识别的特征向量的关联系数和关联度。灰色关联理论具有应用于轴承故障诊断的潜力，因为它有以下特点：具有良好的抗测量噪声能力；能够帮助用于识别分类目的的特征参数的选择；建立衰退模式与衰退征兆的关系知识库所需的样本数目较少；算法简单易编程，无须对样本数据进行学习训练。

设从对象滚动轴承振动信号提取的待识别的表征故障特征的特征向量如下：

$$
\boldsymbol{B}_1 = \begin{bmatrix} b_1(1) \\ b_1(2) \\ b_1(3) \\ \vdots \\ b_1(K+4) \end{bmatrix}, \boldsymbol{B}_2 = \begin{bmatrix} b_2(1) \\ b_2(2) \\ b_2(3) \\ \vdots \\ b_2(K+4) \end{bmatrix}, \cdots, \boldsymbol{B}_i = \begin{bmatrix} b_i(1) \\ b_i(2) \\ b_i(3) \\ \vdots \\ b_i(K+4) \end{bmatrix}, \cdots \quad (10.26)
$$

式中，$\boldsymbol{B}_i(i=1,2,\cdots)$是某一待识别的故障模式（即故障类型及严重程度）。

设所建立的故障征兆（即特征向量）与故障模式（即故障类型及严重程度）之间的样本知识库如下：

$$
\boldsymbol{C}_1 = \begin{bmatrix} c_1(1) \\ c_1(2) \\ c_1(3) \\ \vdots \\ c_1(K+4) \end{bmatrix}, \boldsymbol{C}_2 = \begin{bmatrix} c_2(1) \\ c_2(2) \\ c_2(3) \\ \vdots \\ c_2(K+4) \end{bmatrix}, \cdots, \boldsymbol{C}_j = \begin{bmatrix} c_j(1) \\ c_j(2) \\ c_j(3) \\ \vdots \\ c_j(K+4) \end{bmatrix}, \cdots \quad (10.27)
$$

式中，$\boldsymbol{C}_j(j=1,2,\cdots)$是已知的故障模式（即故障类型及严重程度）；$c_j(j=1,2,\cdots)$是某一特征参数。

对于$\rho \in (0,1)$：

$$
\xi(b_i(k),c_j(k)) = \frac{\min\limits_{j}\min\limits_{k}|b_i(k)-c_j(k)| + \rho \cdot \max\limits_{j}\max\limits_{k}|b_i(k)-c_j(k)|}{|b_i(k)-c_j(k)| + \rho \cdot \max\limits_{j}\max\limits_{k}|b_i(k)-c_j(k)|} \quad (10.28)
$$

$$
\xi(\boldsymbol{B}_i,\boldsymbol{C}_j) = \frac{1}{K+4}\sum_{k=1}^{K+4}\xi(b_i(k),c_j(k)), \quad j=1,2,\cdots \quad (10.29)
$$

式中，ρ 是分辨系数，通常取值为 0.5；$\xi(b_i(k), c_j(k))$ 是 $\boldsymbol{B}_i$ 与 $\boldsymbol{C}_j$ 之间第 k 个特征参数的关联系数；$\xi(\boldsymbol{B}_i, \boldsymbol{C}_j)$ 是 $\boldsymbol{B}_i$ 与 $\boldsymbol{C}_j$ 之间的灰色关联度。

求得 $\boldsymbol{B}_i$ 与已知故障模式库中的每一个 $\boldsymbol{C}_j$ $(j = 1, 2, \cdots)$ 的关联度 $\xi(\boldsymbol{B}_i, \boldsymbol{C}_j)$ $(j = 1, 2, \cdots)$ 后，就可以将 $\boldsymbol{B}_i$ 分类至最大关联度所属的故障模式。

10.1.3　基于多特征提取的轴承故障诊断过程

本节所提出的基于多特征提取的轴承在线故障诊断方法如图 10.1 所示，包括以下步骤。

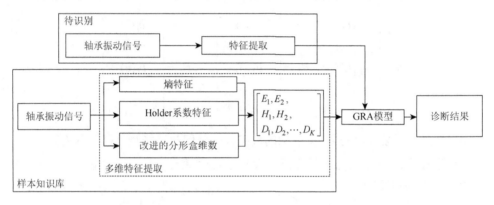

图 10.1　基于多特征提取的轴承在线故障诊断方法

（1）对燃气轮机系统中的对象轴承在不同工作状态下（包含正常运行和各种不同故障类型及严重程度情况）的振动信号进行采样，用于建立样本知识库。

（2）通过多特征提取算法从采集的轴承振动信号数据样本中提取表征故障特征的主导特征向量 $[E_1, E_2, H_1, H_2, D_1, D_2, \cdots, D_K]$。

（3）根据故障征兆（即已提取的主导特征向量）$[E_1, E_2, H_1, H_2, D_1, D_2, \cdots, D_K]$ 与故障模式（即已知的轴承故障类型及严重程度）关系建立样本知识库，作为灰色关联算法模型的基准知识库。

（4）将待识别的从轴承振动信号提取的表征故障特征的主导特征向量 $[E_1, E_2, H_1, H_2, D_1, D_2, \cdots, D_K]$ 输入 GRA 模型中，输出诊断结果（即故障类型及严重程度），用以监测对象轴承的健康状况。

10.1.4　基于多特征提取的轴承故障诊断案例分析

本节所提出的轴承故障诊断方法的具体实施方式以美国凯斯西储大学轴承数

据中心的滚动轴承故障诊断为例。该轴承故障诊断实验装置如 9.1.6 节所述。采集轴承正常状态和不同故障类型及故障严重程度下的振动数据用于诊断分析，如表 9.1 所示，根据不同的故障类型及故障严重程度将故障模式细分为 11 类。采集的测试轴承的振动数据共分为 550 个数据样本，每个数据样本包含 2048 个样本数据点，且每两个数据样本之间不重叠。在这 550 个数据样本中，随机选取 110 个数据样本用于建立样本知识库，剩余的 440 个数据样本作为测试样本，用于校验本节所提方法的有效性。

当故障直径为 7mil 时，通过熵特征、Holder 系数特征提取算法从轴承正常状态和不同故障状态的振动信号（图 10.2）中提取的特征向量如图 10.3 和图 10.4 所示。

当故障直径为 7mil 时，通过改进的分形盒维数算法从轴承正常状态和不同故障状态的振动信号中提取的特征向量如图 10.5 所示。

当故障类型为内圈故障时，通过熵特征、Holder 系数特征提取算法从轴承不同故障严重程度的振动信号（图 10.6）中提取的特征向量如图 10.7 和图 10.8 所示。

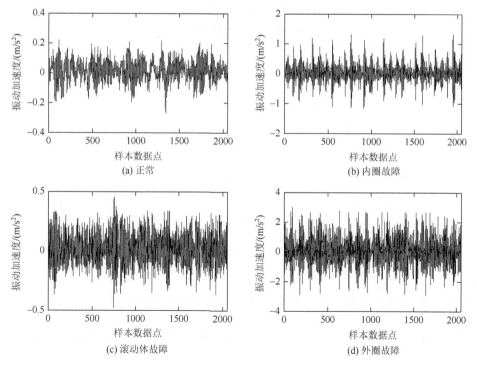

图 10.2　当故障直径为 7mil 时轴承正常状态和不同故障状态的振动信号（一）

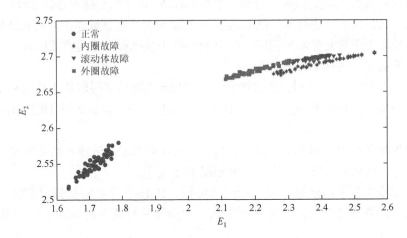

图 10.3　当故障直径为 7mil 时通过从轴承正常状态和不同故障状态的振动信号中
提取的熵特征（一）

横坐标 E_1 表示香农熵，纵标轴 E_2 表示指数熵

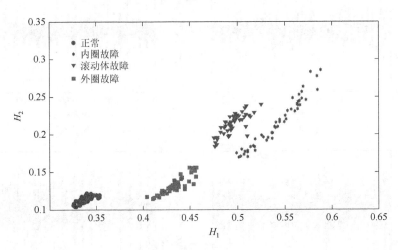

图 10.4　当故障直径为 7mil 时通过从轴承正常状态和不同故障状态的振动信号中提取的 Holder
系数特征（一）

横坐标 H_1 表示以矩形序列为参考序列的 Holder 系数，纵坐标 H_2 表示以三角序列作为参考序列的 Holder 系数

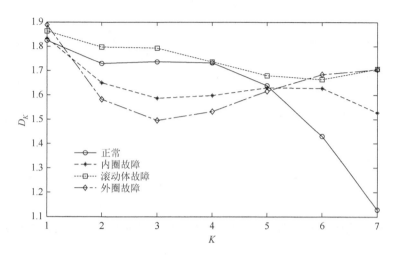

图 10.5　当故障直径为 7mil 时通过改进的分形盒维数算法从轴承正常状态和不同故障状态的
振动信号中提取的特征向量（一）

D_K 表示改进的分形盒维数；K 表示拟合曲线上的 K 个点

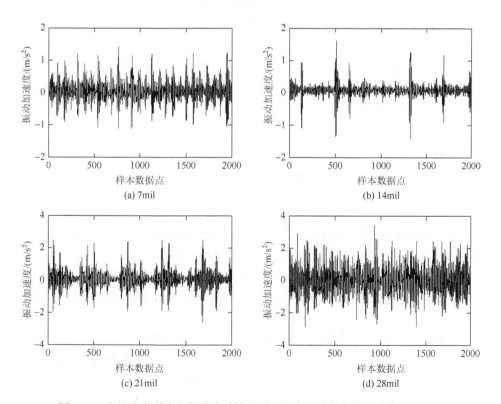

图 10.6　当故障类型为内圈故障时轴承不同故障严重程度的振动信号（一）

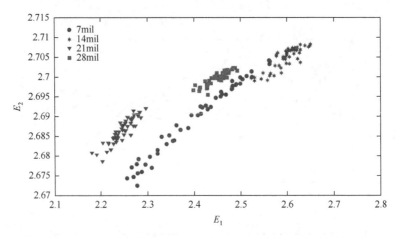

图 10.7 当故障类型为内圈故障时从轴承不同故障严重程度的振动信号中提取的熵特征（一）

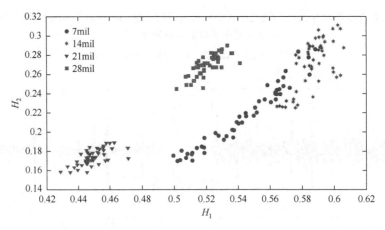

图 10.8 当故障类型为内圈故障时从轴承不同故障严重程度的振动信号中提取的 Holder 系数特征（一）

当故障类型为内圈故障时通过改进的分形盒维数算法从轴承正常状态和不同故障状态的振动信号中提取的特征向量如图 10.9 所示。

由图 10.3～图 10.5 和图 10.7～图 10.9 可知，所提取表征故障特征的特征向量具有多维，且表征不同故障类型及严重程度的特征向量之间具有较为显著的区分度。

根据故障征兆（即已提取的主导特征向量）与故障模式（即已知的轴承故障类型及严重程度）关系建立样本知识库，作为灰色关联算法模型的基准知识库。将待识别的从测试样本提取的表征故障特征的主导特征向量输入灰色关联算法模型中，输出诊断结果（即故障类型及严重程度），如表 10.1 所示。

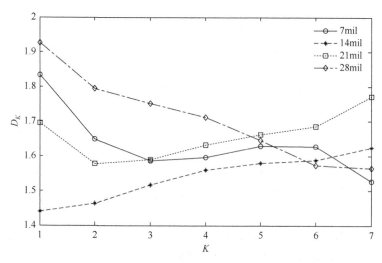

图10.9　当故障类型为内圈故障时通过改进的分形盒维数算法从轴承不同故障严重程度的振动
信号中提取的特征向量（一）

表10.1　诊断结果与比较

类别标签	用于测试的样本数目	误诊断的样本数目				诊断成功率/%			
		文献[1]	文献[2]	文献[3]	本书	文献[1]	文献[2]	文献[3]	本书
1	40	0	0	0	0	100	100	100	100
2	40	0	0	0	0	100	100	100	100
3	40	0	4	2	1	100	90	95	97.5
4	40	3	0	0	0	92.5	100	100	100
5	40	0	0	0	0	100	100	100	100
6	40	2	4	3	2	95	90	92.5	95
7	40	3	0	0	3	92.5	100	100	92.5
8	40	3	4	0	0	92.5	90	90	100
9	40	0	0	0	0	100	100	100	100
10	40	0	0	3	0	100	100	92.5	100
11	40	4	4	0	1	90	90	100	97.5
总计	440	15	16	12	7	96.59（总体）	96.3636（总体）	97.2727（总体）	98.4091（总体）

由表10.1可知，本节所提诊断方法能够准确有效地识别不同的滚动轴承故障
类型及故障严重程度，对轴承的故障诊断成功率能够达到100%，而对不同故障类

型及故障严重程度的总体诊断成功率也能达到 98.4091%。相较于之前仅用参考文献[1]～[3]中单种特征提取方法，本节所用的多特征提取方法能改善轴承振动的诊断可靠性。本节中多特征提取算法与模式识别算法简单易编程，能够用于在线实时故障检测（使用 2.0GHz 的双核笔记本电脑计算一个诊断算例平均只需 0.013s）。

　　综上所述，针对采用传统时域和频域方法不易对轴承工作健康状况做出准确评估的问题，本节提出了一种基于多特征提取的轴承在线故障检测方法。通过实验案例结果可以得到以下结论。

　　（1）本节所提方法能够准确有效地识别不同的滚动轴承故障类型及故障严重程度。

　　（2）对轴承的故障状态诊断成功率能够达到100%，而对不同故障类型及故障严重程度的总体诊断成功率也能达到98%以上。

　　（3）本节所提算法简单易编程，能够较好地解决模式识别算法易用性与准确性的矛盾问题，且算法能够适用于在线实时故障检测。

10.2　基于多特征提取与证据融合理论的轴承故障诊断方法

10.2.1　轴承振动信号的多特征提取

　　本节提出了一种基于多维特征提取与证据融合理论的轴承故障诊断框架[4]，以满足对不同故障类型和不同严重程度进行实时准确诊断的要求。首先，提出了基于熵特征、Holder 系数特征和改进的分形盒维数特征的多特征提取方法，分别从轴承振动信号中提取各类特征向量。

　　（1）基于熵特征的特征提取算法（如 10.1.1 节所述）。将熵特征$[E_1, E_2]$作为轴承故障模式识别的主导特征向量，用于后续的分类器识别。

　　（2）基于 Holder 系数的特征提取算法（如 10.1.1 节所述）。将 Holder 系数特征$[H_1, H_2]$作为轴承故障模式识别的主导特征向量，用于后续的分类器识别。

　　（3）基于改进的分形盒维数的特征提取算法（如 10.1.1 节所述）。将改进的分形盒维数特征$[D_1, D_2, \cdots, D_K]$作为当前振动信号的主导特征向量，用于后续的分类器识别。

10.2.2　基本信任分配函数获取

　　灰色关联理论研究是灰色系统理论的基础，它主要以空间数学的基本理论为基础，计算参考特征向量与各个比较特征向量之间的关联系数和关联度。灰色关联算法在轴承故障模式识别的基本信任分配（basic belief assignment，BBA）函数获取中有很好应用前景的理由如下[5-9]：它具有良好的抗噪能力；算法简单，能够解决算法通用性和准确性的矛盾问题；可以用少量样本解决学习问题。

假设从轴承振动信号中提取的多维特征向量，即熵特征、Holder 系数特征和改进的分形盒维数特征，如下：

$$\boldsymbol{B}_1 = \begin{bmatrix} b_1(1) \\ b_1(2) \\ b_1(3) \\ \vdots \\ b_1(q) \end{bmatrix}, \boldsymbol{B}_2 = \begin{bmatrix} b_2(1) \\ b_2(2) \\ b_2(3) \\ \vdots \\ b_2(q) \end{bmatrix}, \cdots, \boldsymbol{B}_i = \begin{bmatrix} b_i(1) \\ b_i(2) \\ b_i(3) \\ \vdots \\ b_i(q) \end{bmatrix}, \cdots \qquad (10.30)$$

式中，$\boldsymbol{B}_i (i = 1, 2, \cdots)$ 是待识别的某一故障模式（即故障类型及故障严重程度）；q 是特征向量包含的特征参数总数，对于熵特性 $[E_1, E_2]^T$ 和 Holder 系数特征 $[H_1, H_2]^T$，$q = 2$；对于改进的分形盒维数特征 $[D_1, D_2, \cdots, D_K]^T$，$q = K$。

假设基于少量训练样本的故障模式（即故障类型和严重程度）和故障征兆（即故障特征向量）之间的知识库（即识别模板）如下：

$$\boldsymbol{C}_1 = \begin{bmatrix} c_1(1) \\ c_1(2) \\ c_1(3) \\ \vdots \\ c_1(q) \end{bmatrix}, \boldsymbol{C}_2 = \begin{bmatrix} c_2(1) \\ c_2(2) \\ c_2(3) \\ \vdots \\ c_2(q) \end{bmatrix}, \cdots, \boldsymbol{C}_j = \begin{bmatrix} c_j(1) \\ c_j(2) \\ c_j(3) \\ \vdots \\ c_j(q) \end{bmatrix}, \cdots \qquad (10.31)$$

式中，$\boldsymbol{C}_j (j = 1, 2, \cdots)$ 是某一已知的故障模式；$c_j (j = 1, 2, \cdots)$ 是某一特征参数。

对于 $\rho \in (0, 1)$：

$$\xi(b_i(k), c_j(k)) = \frac{\min\limits_j \min\limits_k |b_i(k) - c_j(k)| + \rho \cdot \max\limits_j \max\limits_k |b_i(k) - c_j(k)|}{|b_i(k) - c_j(k)| + \rho \cdot \max\limits_j \max\limits_k |b_i(k) - c_j(k)|} \qquad (10.32)$$

$$\xi(\boldsymbol{B}_i, \boldsymbol{C}_j) = \frac{1}{q} \sum_{k=1}^{q} \xi(b_i(k), c_j(k)), \quad j = 1, 2, \cdots \qquad (10.33)$$

式中，ρ 是分辨系数，通常取值为 0.5；$\xi(b_i(k), c_j(k))$ 是 $\boldsymbol{B}_i$ 与 $\boldsymbol{C}_j$ 之间第 k 个特征参数的关联系数；$\xi(\boldsymbol{B}_i, \boldsymbol{C}_j)$ 是 $\boldsymbol{B}_i$ 与 $\boldsymbol{C}_j$ 之间的灰色关联度。

由灰色关联算法计算得到待识别特征向量与识别模板之间的匹配程度后，可以得到基本信任分配的基本概率赋值函数。

10.2.3　基本信任分配函数融合

在本节中，由灰色关联算法得到的三个基本信任分配函数通过 Yager 算法进行融合，融合后最终输出轴承故障模式识别结果。

信号处理中比较常用的方法是贝叶斯估计，但是贝叶斯估计理论存在一个重要的缺陷，即当未知信息超过已知信息时，贝叶斯估计很难得到处理结果，证据理论弥补了这一缺陷，引入了信任函数，将命题和集合进行一一对应，在概率论较弱的情况下，用 Dempster-Shafer（DS）合成公式对信任函数进行更新。

识别框架（frame of discernment）Θ 表示人们对于某一判决问题所能认识到的所有可能的假设的集合，我们关注的命题都是识别框架 Θ 的一个子集。为了计算方便，假设识别框架 Θ 为有限集，是一个完备集，是一个互斥又可以穷举的 N 个假设元素的集合，即

$$\Theta = \{\theta_1, \theta_2, \cdots, \theta_N\} \tag{10.34}$$

证据理论是在识别框架下建立的推理模型，其基本数学模型思想如下。

（1）建立识别框架 Θ。识别框架是命题和子集之间的桥梁，是框架将抽象的逻辑转换成直观的集合论中的概念，运用集合理论研究命题。

（2）构建初始信任分配。从证据信息中得到每个命题的被支持程度，若还有其他证据提供更加细微的信息，还可以对命题的子集进行进一步的信任分配。

（3）计算所有命题的信任度。若一个证据支持一个命题，那么这条证据也会支持这个命题的推论，依据这个因果关系，我们认为一个命题的信任度为证据对它所有的初始信任分配之和。

（4）信任度合成。根据 DS 合成公式，融合多个证据对命题的信任度，得到所有证据对每个命题的信任度。

（5）决策。依据规定的决策标准，对融合结果进行决策分析。一般情况下，信任度最大的命题为最后的决策结果。

假设 Θ 是一个完备集，2^Θ 表示 Θ 集合的所有幂集。若函数 $\mathrm{Bel}: 2^\Theta \to [0,1]$ 满足下述条件：

（1）$\mathrm{Bel}(\varnothing) = 0$；

（2）$\mathrm{Bel}(\Theta) = 1$；

（3）对每一个正整数 n 和每一个 Θ 的子集 $A_1, A_2, \cdots, A_n$ 满足

$$\mathrm{Bel}(A_1 \bigcup \cdots \bigcup A_n) \geqslant \sum_i \mathrm{Bel}(A_i) - \sum_{i<j} \mathrm{Bel}(A_i \bigcap A_j) + (-1)^{n+1}\mathrm{Bel}(A_1 \bigcap \cdots \bigcap A_n)$$

那么 Bel 称为完备集 Θ 的信任函数。

由证据建立的信任程度所生成的最初始的信任分配称为基本概率赋值（basic probability assignment，BPA）函数，也称为基本信任分配函数，其定义如下。

在识别框架 Θ 下，基本概率赋值函数 m 是从 Θ 的幂集 2^Θ 到 $[0,1]$ 的映射，用 A 表示 Θ 的任意子集，即 $A \subseteq \Theta$，并且 m 满足下述条件：

$$\begin{cases} m(\varnothing) = 0 \\ \sum_{A \subseteq \Theta} m(A) = 1 \end{cases} \qquad (10.35)$$

也就是满足信任函数的前两个条件，则 $m(A)$ 称为命题 A 的基本概率赋值函数，它描述了证据对命题 A 的支持程度。如果 $m(A) > 0$，则称 A 为焦元。

根据上述提到的因果关系，我们可以得到信任函数和基本概率赋值函数的关系：

$$\mathrm{Bel}(A) = \sum_{B \subseteq A} m(B) \qquad (10.36)$$

若 Bel(A) 为命题 A 的信任函数，表示证据支持命题 A 的程度。

若 Bel(A) 为命题 A 为真的可能性，但是不能体现出怀疑 A 的程度，为了能够全面描述命题的不确定性，引入了关于命题 A 的似然函数，似然函数的定义如下。

在识别框架 Θ 下，似然函数 Pl 是从 Θ 的幂集 2^Θ 到 $[0,1]$ 的映射，用 A 表示 Θ 的任意子集，即 $A \subseteq \Theta$，并且 Pl 满足下述条件：

$$\mathrm{Pl}(A) = 1 - \mathrm{Bel}(\overline{A}) \qquad (10.37)$$

函数 Pl(A) 称为命题 A 的似然函数，它说明了证据不怀疑 A 的程度，Bel($\overline{A}$) 则是对 A 的怀疑程度。

用似然函数和信任函数去描述信息的不确定性如图 10.10 所示，通过 Pl(A) 和 Bel(A) 可以很直观地表示出信息的不确定性，图中，区间 $[\mathrm{Bel}(A), \mathrm{Pl}(A)]$ 构成了命题的不确定区间，表示命题的不确定程度。

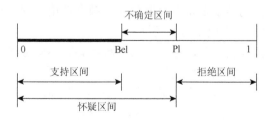

图 10.10　信息的不确定性描述

DS 合成公式结果体现了整体证据的联合作用。在同一个识别框架下，给定不同证据的信任函数，如果证据之间不是相互冲突的，那么就可以运用合成公式计算出一个新的信任函数，数学上新的信任函数是原始信任函数的直和。

首先考虑两个证据的合成公式，在识别框架 $\Theta = \{\theta_1, \theta_2, \cdots, \theta_N\}$ 下，这两个证据相应的基本概率赋值函数为 m_1 和 m_2，则 DS 合成规则为

$$m_{1,2}(\varnothing) = 0 \tag{10.38}$$

$$m_{1,2}(A) = (m_1 \oplus m_2)(A) = \frac{1}{1-k} \sum_{B \cap C = A \neq \varnothing} m_1(B)m_2(C) \tag{10.39}$$

$$k = \sum_{B \cap C = \varnothing} m_1(B)m_2(C) \tag{10.40}$$

式中，k 为冲突系数，体现了证据之间的冲突程度。从合成公式中也可以看出合成公式数学本质是计算 m_1 和 m_2 的直和 $m_1 \oplus m_2$。

DS 证据理论是融合多征兆域结果的一种重要方法。然而，在处理高度冲突的证据时，DS 证据理论会导致一个异常的结论。针对这一问题，一些研究者提出了许多改进的融合规则，如 Yager 方法、Dubois 和 Prade 方法以及 Smets 方法。本章采用 Yager 方法对所有的基本信任分配函数进行融合，得到最终的决策结果。Yager 的改进思想是将冲突系数 k 作为不确定的证据，他认为既然不能对冲突的证据做出合理的解释，那么冲突的证据就属于未知领域，融合到 $m(\Theta)$ 中，得到新的数学模型：

$$m_{1,2}(A) = (m_1 \oplus m_2)(A) = \begin{cases} \sum\limits_{B \cap C = A} m_1(B)m_2(C), & A \subset \Theta; A \neq \Theta \\ \sum\limits_{B \cap C = \Theta} m_1(B)m_2(C) + k, & A = \Theta \end{cases} \tag{10.41}$$

10.2.4　基于多特征提取与证据融合理论的轴承故障诊断过程

综上所述，提出的基于多特征提取与证据融合理论的轴承故障诊断框架的诊断过程如下，基本框架图如图 10.11 所示。

（1）在不同的健康状态下，包括正常运行状态和不同故障类型、不同严重程度的情况下，采集对象轴承的振动信号，用于建立样本知识库。

（2）通过从样本知识库中基于熵特征 $[E_1, E_2]$、Holder 系数特征 $[H_1, H_2]$ 和改进的分形盒维数特征 $[D_1, D_2, \cdots, D_K]$ 的多维特征提取，分别提取表征故障特征的主导特征向量，即故障征兆。

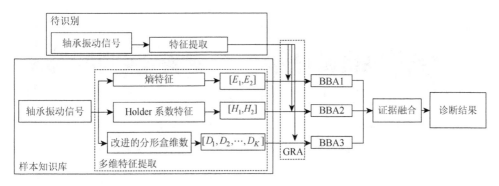

图 10.11　基于多特征提取与证据融合理论的轴承故障诊断框架

（3）根据故障征兆（即提取的故障特征向量）和故障模式（即已知的故障类型和严重程度）建立样本知识库。

（4）提取待识别的轴承振动信号健康状态特征向量，输入灰色关联算法模型中，得到各个基本信任分配函数（即 BBA1、BBA2、BBA3），然后通过 Yager 方法对基本信任分配函数进行融合，输出诊断结果（即故障类型和严重程度）。

10.2.5　基于多特征提取与证据融合理论的轴承故障诊断案例分析

本节所提出的轴承故障诊断方法的具体实施方式以美国凯斯西储大学轴承数据中心的滚动轴承故障诊断为例。该轴承故障诊断实验装置如 9.1.6 节所述。采集轴承正常状态和不同故障类型及故障严重程度下的振动数据用于诊断分析，如表 9.1 所示，根据不同的故障类型及故障严重程度将故障模式细分为 11 类。采集的测试轴承的振动数据共分为 550 个数据样本，每个数据样本包含 2048 个样本数据点，随机选择 110 个数据样本建立知识库，其余 440 个数据样本作为测试数据样本。

当故障直径为 7mil 时，通过熵特征、Holder 系数特征、改进的分形盒维数算法从轴承正常状态和不同故障状态的振动信号（图 10.12）中提取的特征向量如图 10.13～图 10.15 所示。

当故障类型为内圈故障时，从轴承不同故障严重程度的振动信号（图 10.16）中提取的熵特征、Holder 系数特征、改进的分形盒维数特征如图 10.17～图 10.19 所示。

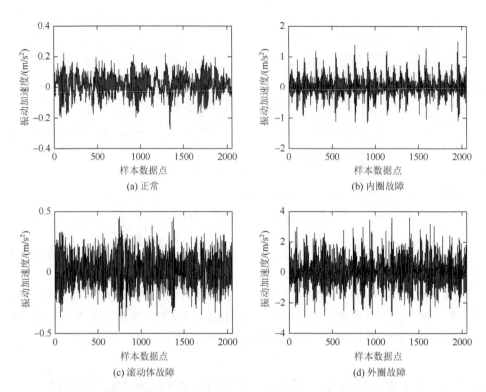

图 10.12　当故障直径为 7mil 时轴承正常状态和不同故障状态的振动信号（二）

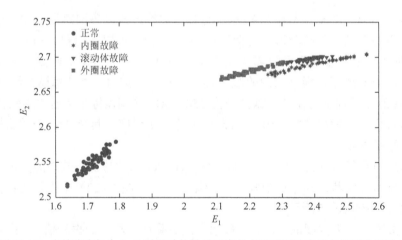

图 10.13　当故障直径为 7mil 时通过从轴承正常状态和不同故障状态的振动信号中
提取的熵特征（二）

横坐标 E_1 表示香农熵，纵标轴 E_2 表示指数熵

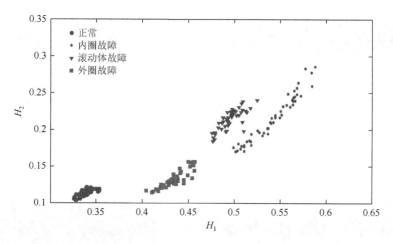

图 10.14　当故障直径为 7mil 时通过从轴承正常状态和不同故障状态的振动信号中提取的
Holder 系数特征（二）

横坐标 H_1 表示以矩形序列为参考序列的 Holder 系数，纵坐标 H_2 表示以三角序列作为参考序列的 Holder 系数

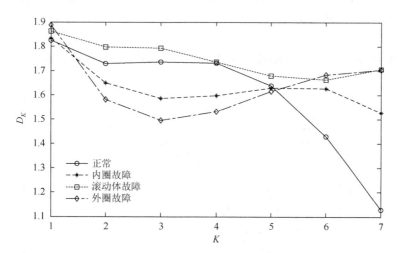

图 10.15　当故障直径为 7mil 时通过改进的分形盒维数算法从轴承正常状态和不同故障状态的
振动信号中提取的特征向量（二）

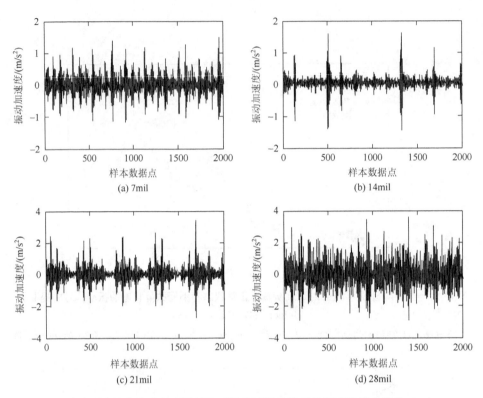

图 10.16　当故障类型为内圈故障时轴承不同故障严重程度的振动信号（二）

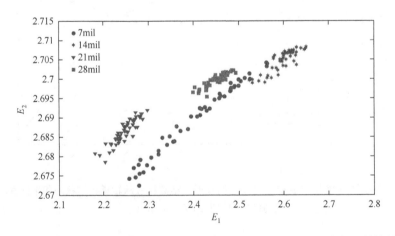

图 10.17　当故障类型为内圈故障时从轴承不同故障严重程度的振动信号中提取的熵特征（二）

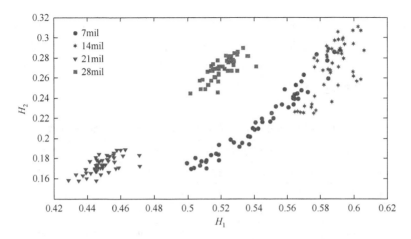

图 10.18　当故障类型为内圈故障时从轴承不同故障严重程度的振动信号中
提取的 Holder 系数特征（二）

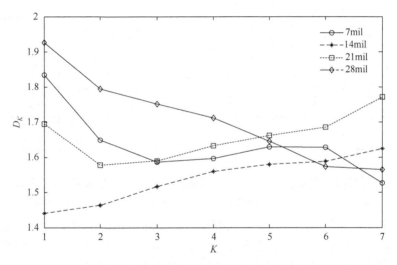

图 10.19　当故障类型为内圈故障时通过改进的分形盒维数算法从轴承不同故障严重程度的振
动信号中提取的特征向量（二）

从图 10.13～图 10.15 可以看出，从相同故障严重程度不同故障类型的轴承振动信号中提取的 Holder 系数特征表现出比熵特征、改进的分形盒维数特征更好的类间分离度和类内聚合度。然而，从图 10.17～图 10.19 可以看出，从相同故障类型不同故障严重程度的轴承振动信号中提取的改进的分形盒维数特征表现出比熵特征、Holder 系数特征更好的类间分离度和类内聚合度。

基于故障征兆（即提取的特征向量）和故障模式（即已知的故障类型和严重程度）建立用于 GRA 模式识别的知识库（即识别模板）。从测试轴承振动信号提取的故障特征向量输入 GRA 模型，将 BBA 融合之后输出诊断结果（即故障类型和严重程度），如表 10.2 所示。由于熵特征、Holder 系数特征和改进的分形盒维数特征显示了它们在识别轴承不同故障类型和严重程度时的各自优缺点，最终可以通过证据融合理论来获得更为准确的最终诊断结果。

表 10.2　所提方法的诊断结果与参考文献[1]～[3]的结果相比较

类别标签	用于测试的样本数目	误诊断的样本数目				诊断成功率/%			
		文献[1]	文献[2]	文献[3]	本书	文献[1]	文献[2]	文献[3]	本书
1	40	0	0	0	0	100	100	100	100
2	40	0	0	0	0	100	100	100	100
3	40	0	4	2	2	100	90	95	95
4	40	3	0	0	0	92.5	100	100	100
5	40	0	0	0	0	100	100	100	100
6	40	2	4	3	0	95	90	92.5	100
7	40	3	0	0	2	92.5	100	100	95
8	40	3	4	4	0	92.5	90	90	100
9	40	0	0	0	0	100	100	100	100
10	40	0	0	3	0	100	100	92.5	100
11	40	4	4	0	0	90	90	100	100
总计	440	15	16	12	4	96.59（总体）	96.3636（总体）	97.2727（总体）	99.09（总体）

表 10.2 的诊断结果表明，基于少量训练样本，轴承故障状态的诊断成功率可达 100%，总体故障模式诊断成功率也达到 99.09%，相较于之前仅用参考文献[1]～[3]中单种特征提取方法，诊断精度有一定的提高。基于所提出的方法通过配备 4.0GHz 双处理器的笔记本电脑测试一个诊断案例的耗时仅为 0.016s，可适用于在线轴承故障诊断。此外对这 550 个数据样本进行 k-折叠交叉验证，其中，10-折叠交叉验证的平均成功率为 100%，5-折叠交叉验证的平均成功率为 99.98%。

综上所述，针对采用传统时域和频域方法不易对轴承工作健康状况做出准确评估的问题，本节提出了一种基于多特征提取与证据融合理论的轴承在线故障检测方法。通过实验测试案例结果可以得到以下结论。

（1）本节所提方法能够准确有效地识别不同的滚动轴承故障类型及故障严重程度。

（2）对轴承的故障状态诊断成功率能够达到 100%，而对不同故障类型及故障严重程度的总体诊断成功率也能达到 99% 以上，相比于其他人工智能方法，诊断准确性显著提高。

（3）本节所提算法简单易编程，能够较好地解决模式识别算法易用性与准确性的矛盾问题，且算法能够适用于在线实时故障检测。

在今后的研究工作中，为了进一步提高诊断精度，可以在确保总体诊断算法复杂度（目的是确保计算实时性）的前提下，在振动信号特征提取算法改进和证据理论算法改进这两方面继续开展研究。

参 考 文 献

[1] Li J C，Cao Y P，Ying Y L，et al. A rolling element bearing fault diagnosis approach based on multifractal theory and gray relation theory[J]. PloS One，2016，11（12）：e0167587.

[2] Cao Y P，Ying Y L，Li J C，et al. Study on rolling bearing fault diagnosis approach based on improved generalized fractal box-counting dimension and adaptive gray relation algorithm[J]. Advances in Mechanical Engineering，2016，8（10）：1687814016675583.

[3] Ying Y L，Li J C，Chen Z M，et al. Rolling bearing vibration signal analysis based on dual-entropy，holder coefficient and gray relation theory[C]. 2017 IEEE International Conference on Software Quality，Reliability and Security Companion（QRS-C），Prague，2017：190-194.

[4] Li J C，Ying Y L，Ren Y，et al. Research on rolling bearing fault diagnosis based on multi-dimensional feature extraction and evidence fusion theory[J]. Royal Society Open Science，2019，6（2）：181488.

[5] Ying Y L，Li J C，Chen Z M，et al. Study on rolling bearing on-line reliability analysis based on vibration information processing[J]. Computers and Electrical Engineering，2018，69：842-851.

[6] Chen X，Ying Y L，Li J C，et al. Improving the signal subtle feature extraction performance based on dual improved fractal box dimension eigenvectors[J]. Royal Society Open Science，2018，5（5）：180087.

[7] Ying Y L，Li J C，Li J，et al. Study on rolling bearing on-line health status estimation approach based on vibration signals[J]. Advanced Hybrid Information Processing，2018，219：117-129.

[8] Li J C，Ying Y L，Zhang G Y，et al. A new robust rolling bearing vibration signal analysis method[J]. Advanced Hybrid Information Processing，2018，219：137-145.

[9] 应雨龙，李靖超. 基于多特征提取的滚动轴承故障诊断方法[J].上海电力学院学报，2018，34（5）：414-421.